职业教育
计算机
系列教材

Spark 大数据开发

唐春玲　周　桥　陈小龙◎主　编
唐　慧　李　婷　朱春旭　张　宾◎副主编
胡方霞　高　鸿◎主　审

同济大学 出版社
TONGJI UNIVERSITY PRESS
·上海·

 东软电子出版社

内 容 提 要

本书基于 Spark 数据处理工作流程,从不同的学习情景中提炼出典型的工作环节,通过理论与实践相结合的方式,体现了大数据技术在各种环境下的实际应用。本书内容主要包括搭建 Spark 开发环境、使用 Scala 与 RDD 统计平台数据、使用 Spark SQL 分析用人单位数据、使用 Spark Streaming 分析平台数据、使用 GraphX 与 ML 分析平台数据共六个学习情境并在书末附有工作任务单。

本书适用于职业院校计算机类以及大数据技术相关专业,也可作为 Spark 大数据开发的初学者的参考用书。

图书在版编目(CIP)数据

Spark 大数据开发 / 唐春玲,周桥,陈小龙主编. —
上海:同济大学出版社,2023.6
ISBN 978-7-5765-0591-7

Ⅰ.①S… Ⅱ.①唐… ②周… ③陈… Ⅲ.①数据处理软件—教材 Ⅳ.①TP274

中国国家版本馆 CIP 数据核字(2023)第 001941 号

Spark 大数据开发

唐春玲 周 桥 陈小龙 **主 编**
唐 慧 李 婷 朱春旭 张 宾 **副主编**
胡方霞 高 鸿 **主 审**

责任编辑	张 莉
助理编辑	屈斯诗 朱华茗
责任校对	徐逢乔
封面设计	渲彩轩
出版发行	同济大学出版社　　www.tongjipress.com.cn
	(地址:上海市四平路 1239 号　邮编:200092　电话:021-65985622)
经　　销	全国各地新华书店
排　　版	南京文脉图文设计制作有限公司
印　　刷	常熟市大宏印刷有限公司
开　　本	787mm×1092mm　1/16
印　　张	15
字　　数	374 000
版　　次	2023 年 6 月第 1 版
印　　次	2023 年 6 月第 1 次印刷
书　　号	ISBN 978-7-5765-0591-7
定　　价	68.00 元

本书若有印装质量问题,请向本社发行部调换　　版权所有　侵权必究

本书系重庆工商职业学院——首批国家级职业教育教师教学创新团队,联合四川华迪信息技术有限公司、大连东软教育科技集团有限公司编写的基于工作过程系统化的大数据专业"活页式""工作手册式"系列书之一。书中使用的"职业能力分析大数据服务平台"项目由创新团队成员和四川华迪信息技术有限公司共同完成。依托数字工场和省级"双师型"教师培养培训基地,由创新团队成员和企业工程师组成书编写团队,目的是打造高素质"双师型"教师队伍,深化职业院校教师、书、教法"三教"改革,探索产教融合、校企"双元"有效育人模式。书编写初衷是使大数据专业学生掌握Spark数据处理相关技术,提高学生们的大数据实际操作能力,为我国经济社会发展培养大数据技术、技能人才。

配套PPT
课件及
代码数据

一、受众定位

本书适用于想要学习Spark大数据开发的学习者,也可作为应用型本科、高职高专大数据及相关专业书。

二、基本概况

本书基于Spark数据处理工作过程,共分为六个学习情境,每个学习情境分为若干个典型工作环节,各学习情境对大数据各主要功能模块的基本概念进行了描述,并提炼出了典型的工作环节,每个工作环节都采用理论与实践相结合的阐述方式,同时做了相关的编程实现。每个学习情境的内容既体现了大数据技术在企业的实际应用和工作过程,又提供了在学习中发现问题、分析问题、解决问题的途径,具体内容如下:

学习情境一　搭建Spark开发环境

内容包括Spark概述,Spark生态圈,Spark应用场景,Spark平台单机模式、伪分布式模式、完全分布式模式环境的搭建。

学习情境二　使用Scala统计平台数据

内容包括Scala语言介绍,搭建Scala开发环境,Scala编程基础,Scala语言语法,Scala面向对象编程基础,Scala常用的数据结构,使用Scala语言统计大数据平台岗位数据。

学习情境三　使用RDD统计平台数据

内容包括RDD架构原理,Spark RDD编程基础,使用RDD统计平台职位数据。

学习情境四　使用Spark SQL分析用人单位数据

内容包括认识 Hive 和 Spark SQL,Spark SQL 开发环境搭建,导入数据到 Hive,使用 Spark SQL 分析平台数据。

学习情境五　使用 Spark Streaming 分析平台数据

内容包括 Spark Streaming 内容介绍,Spark Streaming 开发环境搭建,使用 Spark Streaming 分析平台数据。

学习情境六　使用 GraphX 与 ML 分析平台数据

内容包括 GraphX 介绍,使用 GraphX 分析平台数据,Machine Learning 介绍,常用 Spark MLlib 机器学习库 API,使用 ML 分析平台数据。

三、编写团队

本书由胡方霞(教授,重庆市优秀教师,省级教学名师,省级中青年骨干教师,国家级骨干专业带头人,国家级物联网与大数据协同创新中心负责人,省级教学团队负责人,省级教学成果奖主持人,省级精品资源共享课程负责人)、高鸿(辽宁省教科院副院长,辽宁省职业技术教育学会常务副会长,中国职业技术教育学会常务理事、学术委员,全国职业教育集团化办学专家组副组长,全国现代学徒制工作专家指导委员会委员)主审。其中,胡方霞负责学习情境一、学习情境二、学习情境三的审核工作,高鸿负责学习情境四、学习情境五、学习情境六的审核工作。本书主编唐春玲、周桥、陈小龙和副主编唐慧、李婷均是大数据专业骨干教师,平均教龄 8 年,具有丰富的教学实践经验、5 年以上的大数据开发企业工作经验或指导学生竞赛经验,指导学生获得国家级和省级竞赛一等奖、二等奖;副主编朱春旭、张宾作为企业技术骨干,具有 5 年以上大数据开发经验,同时具有 3 年以上教学经验。唐春玲负责整套书的规划、设计、统稿,并编写学习情境二和学习情境四;周桥负责编写学习情境一和学习情境三;唐慧负责撰写学习情境五;陈小龙负责编写学习情境六的内容;李婷负责编写课后练习及答案;朱春旭和张宾负责提供本书项目代码。

由于作者学识有限,书中难免存在不妥之处,请读者谅解。

编　者
2023 年 4 月

目 录

学习情境一 搭建 Spark 开发环境 1
  1.1 典型工作环节 1：需求分析 1
  1.2 典型工作环节 2：步骤分析 2
  1.3 典型工作环节 3：认识 Spark 2
  1.4 典型工作环节 4：调研 Spark 应用场景 4
  1.5 典型工作环节 5：准备集群系统 4
  1.6 典型工作环节 6：搭建 Spark 平台环境 16
  1.7 归纳总结与拓展提高 25
  1.8 课后练习 25

学习情境二 使用 Scala 统计平台数据 27
  2.1 典型工作环节 1：需求分析 27
  2.2 典型工作环节 2：步骤分析 28
  2.3 典型工作环节 3：优选系统开发语言 28
  2.4 典型工作环节 4：了解 Scala 语言 28
  2.5 典型工作环节 5：搭建开发环境 29
  2.6 典型工作环节 6：学习 Scala 语言 43
  2.7 典型工作环节 7：统计大数据平台岗位数据 91
  2.8 归纳总结与拓展提高 94
  2.9 课后练习 95

学习情境三 使用 RDD 统计平台数据 97
  3.1 典型工作环节 1：需求分析 97
  3.2 典型工作环节 2：步骤分析 98
  3.3 典型工作环节 3：学习 RDD 架构原理与入门 98
  3.4 典型工作环节 4：学习 Spark RDD 编程基础 102

3.5 典型工作环节 5：使用 RDD 统计平台职位数据 …………………………… 130
3.6 归纳总结与拓展提高 …………………………………………………… 134
3.7 课后练习 ………………………………………………………………… 135

学习情境四 使用 Spark SQL 分析用人单位数据 ………………………… 137
4.1 典型工作环节 1：需求分析 ……………………………………………… 137
4.2 典型工作环节 2：步骤分析 ……………………………………………… 137
4.3 典型工作环节 3：认识 Hive 和 Spark SQL …………………………… 138
4.4 典型工作环节 4：系统开发环境搭建 …………………………………… 139
4.5 典型工作环节 5：导入数据到 Hive ……………………………………… 145
4.6 典型工作环节 6：使用 Spark SQL 分析平台数据 …………………… 147
4.7 归纳总结与拓展提高 …………………………………………………… 151
4.8 课后练习 ………………………………………………………………… 151

学习情境五 使用 Spark Streaming 分析平台数据 ……………………… 153
5.1 典型工作环节 1：需求分析 ……………………………………………… 153
5.2 典型工作环节 2：步骤分析 ……………………………………………… 154
5.3 典型工作环节 3：学习流计算 …………………………………………… 154
5.4 典型工作环节 4：学习 Spark Streaming ……………………………… 156
5.5 典型工作环节 5：系统开发环境搭建 …………………………………… 158
5.6 典型工作环节 6：使用 Spark Streaming 分析平台数据 …………… 161
5.7 归纳总结与拓展提高 …………………………………………………… 171
5.8 课后练习 ………………………………………………………………… 171

学习情境六 使用 GraphX 与 ML 分析平台数据 ………………………… 173
6.1 典型工作环节 1：需求分析 ……………………………………………… 173
6.2 典型工作环节 2：步骤分析 ……………………………………………… 174
6.3 典型工作环节 3：认识 GraphX ………………………………………… 174
6.4 典型工作环节 4：使用 GraphX 分析平台数据 ………………………… 175
6.5 典型工作环节 5：认识 Machine Learning …………………………… 178
6.6 典型工作环节 6：常用 Spark MLlib 机器学习库 API ………………… 180
6.7 典型工作环节 7：使用 ML 分析平台数据 ……………………………… 182
6.8 归纳总结与拓展提高 …………………………………………………… 185
6.9 课后练习 ………………………………………………………………… 185

工作任务单 1 …………………………………………………………… 187
工作任务单 2 …………………………………………………………… 194
工作任务单 3 …………………………………………………………… 201
工作任务单 4 …………………………………………………………… 208
工作任务单 5 …………………………………………………………… 215
工作任务单 6 …………………………………………………………… 222

参考文献 ………………………………………………………………… 229

学习情境一
搭建 Spark 开发环境

Spark 大数据开发

项目概述

Spark 起源于加利福尼亚大学伯克利分校的一个研究项目,当时以分布式机器学习算法的应用情况为关注点,因此,Spark 从一开始便为应对迭代式应用的高性能需求而设计。在这类应用中,相同的数据会被多次访问。该设计主要利用数据集内存缓存以及启动任务时的低延迟和低系统开销实现高性能。再加上其容错性、灵活的分布式数据结构和强大的函数式编程接口,Spark 在各类基于机器学习和迭代分析的大规模数据处理任务上有广泛的应用,这也表明了其实用性。

搭建 Spark 环境是开展 Spark 学习的基础。作为一种分布式处理框架,Spark 可以部署在集群中运行,也可以部署在单机上运行。由于 Spark 是一种计算框架,不负责数据的存储和管理,因此,通常需要把 Spark 和 Hadoop 进行统一部署,由 Hadoop 中的 HDFS 和 HBase 等组件负责数据的存储,由 Spark 负责完成计算。

学习目标

(1)理解 Spark 的用途、生态圈、应用场景等基本概念;
(2)搭建 Spark 开发环境。

1.1 典型工作环节 1:需求分析

小李正在学习大数据,想对职业能力分析大数据服务平台的职位数据进行统计分析,他选择大数据处理工具 Spark 进行调研,深入了解 Spark 的相关概念、应用场景等。

小李在调研后,准备使用 Spark 进行大数据开发,因此小李需要搭建一套大数据开发环境,主要包括系统的选择、准备与初始化、软件工具的下载安装与配置等。

1.2 典型工作环节2:步骤分析

根据需求分析,本节内容主要包括认识 Spark、熟悉 Spark 应用场景、搭建 Spark 开发环境。

第一步:认识 Spark。

收集 Spark 资料,对 Spark 有整体认识,了解 Spark 的概念、生态圈以及与 Hadoop 的关系、优缺点等内容。

第二步:熟悉 Spark 应用场景。

对 Spark 有了了解后,对 Spark 的用途、适合处理的数据、应用场景等进行归纳。

第三步:准备集群环境。

Spark 部署模式主要有四种:Local 模式(单机模式)、Standalone 模式(使用 Spark 自带的简单集群管理器)、YARN 模式(使用 YARN 作为集群管理器)和 Mesos 模式(使用 Mesos 作为集群管理器)。本书使用集群模式的 Spark 安装。

根据官网资料,Spark 提供了 Windows 版本,这个版本是做调试程序使用的。在实际生产环境中,需要将 Spark 部署到 Linux 系统上。Linux 系统有多个版本,如 CentOS、RHEL、Ubuntu、Debian、Fedora、Mint、ArchLinux、Gentoo、Kali、Parrot Security OS、Deepinlinux、Manjaro。每个版本的适用场景不一样,鉴于目前互联网行业用得最多的系统是 CentOS,因此这里将选择 CentOS 7.6 作为 Spark 的基础运行环境。

第四步:搭建 Spark 开发环境。

由于大数据的各组件,比如 Hadoop、Hive、Hbase、Kafka 等,都是由不同组织机构开发的,存在版本不兼容的情况。因此在实际生产环境中,都不建议升级到最新版本,而是建议使用业内成熟的版本,本书将使用 spark-2.1.1-bin-hadoop2.7.tgz 版本。

在基础设施建立完毕后,根据需要在单机模式、伪分布式模式、集群模式上搭建并运行 Spark 应用。

1.3 典型工作环节3:认识 Spark

本环节主要通过与 Hadoop 比较,介绍 Spark 的用途和特点以及 Spark 的生态环境。能够让学习者对 Spark 形成形象的认识。

1.3.1 Spark 概述

Spark 集群计算平台具有以下特点。

① 快速:Spark 相对而言比 Hadoop 快。因为 Hadoop 的 Map 任务结束后将结果输出到磁盘或者 HDFS,Reduce 任务从 HDFS 获取结果,计算完后再放到 HDFS,这个过程就会牵涉到磁盘 I/O,若 Map 任务和 Reduce 任务个数特别多,那么 I/O 次数就会特别多,对性能的影响就特别大。若在 MapReduce 任务执行过程中有 Shuffle 过程,Shuffle 也需要 I/O,同时,Shuffle 过程也会伴随数据迁移,也会耗费时间。若出现迭代计算,后一个 Map 任务需要依赖前一个 Map 或 Reduce 的计算结果,那么 I/O 就会更多。Spark 相对而言,是把 MapReduce 计算过程需要的数据尽量放到内存,当达到一定阈值才往磁盘写;另外 Spark 计算引擎会根据 RDD 的依赖关系,生成 DAG(有向无环图),由于对 RDD 的计算是惰性的,在 Spark 实际执行任务的时候,才会去加载数据,这样就能做到数据的按需加载。因此,从这两个方面来讲,Spark 的性能远高于 Hadoop,如图 1-1 所示,某些情况下,Spark 甚至比 Hadoop 快出 100 倍。

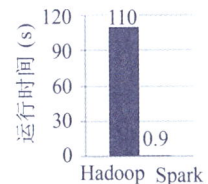

图 1-1　Spark 与 Hadoop 性能比较

② 易用:Spark 支持使用 Java、Scala、Python、R 和 SQL 快速编写应用程序。Spark 提供 80 多个高级接口,可以轻松构建并行应用程序。用户还可以从 Scala、Python、R 和 SQL shell 中以交互方式使用 Spark。

③ 通用:Spark 拥有很多库,包括 SQL 和 DataFrames,用于机器学习的 MLlib、GraphX 和 Spark Streaming(图 1-2)。用户可以在同一个应用程序中无缝地组合这些库。

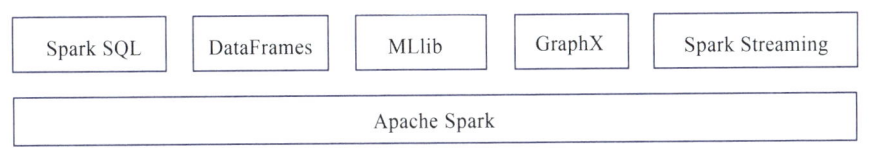

图 1-2　Spark 库

④ 运行方式多:用户可以使用其独立群集模式,如 EC2、Hadoop YARN、Mesos 或 Kubernetes 运行 Spark 应用。同时 Spark 还可以访问各种数据源,比如从 HDF、Alluxio、Apache Cassandra、Apache Hbase、Apache Hive 以及数百个其他数据源中获取数据。

Apache Spark 由来自 300 多家公司的众多开发人员构建。自 2009 年以来,已有超过 1 200 名开发人员为 Spark 做出了贡献。活跃的社区使 Spark 的应用与发展得到保障。

1.3.2 Spark 生态圈

Spark 生态圈也称为伯克利数据分析技术栈,包含 Spark Core、Spark SQL、Spark Streaming、MLlib/ML、GraphX、SparkR、BlinkDB、资源调度器、YARN、Mesos。

① Spark Core:实现内存管理、任务调度、DAG 解析等功能,提供大量基础 API。
② Spark SQL:操作结构化数据。比如操作数据库表、json、csv 等有格式的数据。
③ Spark Streaming:操作流式数据,实现实时分析。
④ MLlib/ML:实现一些机器学习算法,比如回归分析、聚类分析。
⑤ GraphX:用于图计算或网格计算。
⑥ SparkR:适用于 R 语言的数据分析。
⑦ BlinkDB:交互式的 SQL 查询引擎,用来减少查询响应时间。
⑧ 资源调度器:Spark 本身自带资源调度器。
⑨ YARN:Hadoop 的核心组件之一,用来调度任务。
⑩ Mesos:资源调度器。与 YARN 不同的是,Mesos 是一种细粒度的调度框架,资源需要多少给多少,当任务运行资源过多时,Mesos 可以进行收回;而 YARN 是一种粗粒度的调度框架,按额度分配资源,不管任务是否需要这么多。

1.4 典型工作环节 4:调研 Spark 应用场景

Spark 应用场景非常广。在电商销售平台、电影售票平台、矿产开发、舆情分析、交通预警、医疗康养、金融欺诈检测等领域都有 Spark 的身影,简要介绍如下。

① 电商销售平台:目前大多数电商销售平台都在使用 Spark 做实时数据计算。通过 Spark Streaming 流式处理引擎,实时处理 Kafka 传递过来的数据,实现对库存的实时管控和物流的实时调度。

② 电影售票平台:使用 Spark 做离线分析,预测电影的热度。同时对大量用户数据进行分析,为用户个性化推荐电影。

③ 矿产开发:通过对大数据的分析,根据矿山岩层结构、各化学元素含量,分析矿山的开发价值。

④ 舆情分析:利用 Spark 的 GraphX 构建用户关联网络,从而实现网络舆情监控。

1.5 典型工作环节 5:准备集群系统

Spark 和 Hadoop 可以部署在一起,相互协作,由 Hadoop 的 HDFS、HBase 等组件负责数据的存储和管理,由 Spark 负责数据的计算。虽然 Spark 和 Hadoop 都可以在 Windows 系统中安装使用,但是,建议在 Linux 系统中安装使用。

为了后续能够流畅部署 Spark 环境,需要虚拟机软硬件环境满足 Spark 环境的需求。

1.5.1 环境需求

要搭建 Spark 开发环境,需要预先安装虚拟机,可以单节点搭建伪分布式开发环境,也可以多节点搭建完全分布式环境。本节采用 3 台机器(节点)作为实例来演示如何搭建 Spark 集群,其中 1 台机器(节点)作为 Master 节点(主节点),另外 2 台机器(节点)作为 Slave 节点(即作为 Worker 节点),主机名分别为 Slave1 和 Slave2。

通常选择 3 个节点进行搭建。表 1-1 列出了虚拟机核心配置项。

表 1-1　　　　　　　　　　　　　虚拟机核心配置项

配置项	主节点	节点 1	节点 2
内存	4 GB	2 GB	2 GB
CPU 内核数	2	1	1
硬盘	50 GB	50 GB	50 GB
网络适配器	NAT	NAT	NAT
主机名	Master	Slave1	Slave2

1.5.2 配置虚拟机系统

配置虚拟机之前,需要最小化安装系统,然后进行安装前配置。

1. 禁用 SELINUX

分布式框架在进行端口通信时,SELINUX 可能会阻塞其中的通信,因此暂且将其禁用,在 CentOS 7 中,使用如下命令编辑 SELINUX 配置文件:

```
永久关闭
# vi /etc/selinux/config
SELINUX=disable        #将值设置为 disable

临时关闭
setenforce 0
getenforce      #查询状态,值为 0 或 disable 则为关闭
```

将"SELINUX=enforcing"修改为"SELINUX=disable"后,保存退出。

2. 关闭防火墙

防火墙也可能导致分布式框架之间通信被拒绝,因此暂且将其关闭。

在 CentOS 7 中,使用如下命令关闭防火墙:

```
systemctl stop firewalld          #停止服务
systemctl disable firewalld       #禁止开机启动
```

3. 配置网卡文件

可根据需要自动获取 IP 地址或手动配置 IP 地址。

在 CentOS 7 中配置网卡命令如下：

```
vi /etc/sysconfig/network-scripts/ifcfg-ens33
TYPE=Ethernet
PROXY_METHOD=none
BROWSER_ONLY=no
BOOTPROTO=static      #如果自动获取将此值改为 dhcp,删除后面的 IP 地址配置
DEFROUTE=yes
IPV4_FAILURE_FATAL=no
IPV6INIT=yes
IPV6_AUTOCONF=yes
IPV6_DEFROUTE=yes
IPV6_FAILURE_FATAL=no
IPV6_ADDR_GEN_MODE=stable-privacy
NAME=ens33
UUID=b750518d-2b37-49b5-8a02-992b45837752
DEVICE=ens33
IPADDR=192.168.47.20
NETMASK=255.255.255.0
GATEWAY=192.168.47.2   #可通过 VMware 虚拟网络编辑器查看
DNS1=192.168.47.2
DNS2=114.114.114.114
ONBOOT=yes
```

编辑完成后,保存退出,重启网卡,命令如下：

```
###重启网络###
systemctl restart network
```

4. 修改 IP 地址与主机映射关系

在 CentOS 7 中,添加主机映射关系命令如下：

```
vi /etc/hosts
192.168.47.20   master
192.168.47.21   slave1
192.168.47.22   slave2
```

编辑完成后,保存退出。

1.5.3 密钥配置

1. 安装 Putty

Putty 是一款免费开源的远程登录工具,提供 Telnet、SSH、rlogin 以及串口通信等功能,目前 Putty 已被移植到了多种平台。使用 Putty 可以节省操作 Linux 系统的时间。

(1) 下载 Putty 安装文件

Putty 提供了可安装程序版本,还可直接下载 zip 版本,zip 版本不用安装,解压后即可使用。目前互联网上有很多站点提供不同版本下载,建议直接从官方网站下载最新版即可,官方网站为 https://Putty.org/,需要注意的是,请下载与操作系统对应的 32 位或 64 位版本。

下载安装完成或解压 zip 版本文件后可看到有以下文件。

① PAGEANT.EXE:用于 SSH 认证代理,可以不必每次都输入密码。

② PLINK.EXE:在命令行上运行,用于远程执行服务器上的命令。

③ PSCP.EXE:在命令行上运行,使用 SSH 传输文件。

④ PSFTP.EXE:命令行工具,类似于 ftp,使用 22 号端口向服务器传输文件。

⑤ PUTTY.CHM:帮助文件。

⑥ PUTTY.EXE:ssh/telnet/rlogin/serial 客户端,可以命令行或 GUI 模式运行。

⑦ PUTTYGEN.EXE:RSA 和 DSA 密钥生成和管理工具。

(2) 设置 Putty 使用环境

步骤 1:运行 Putty.exe 程序,选择默认配置,点击 Load 加载,如图 1-3 所示。

步骤 2:选择语言,如图 1-4 所示。此处根据自己喜好,选择一个中文字体以及字形、字体大小,最后一定请在脚本处选择中文 GB2312 编码。

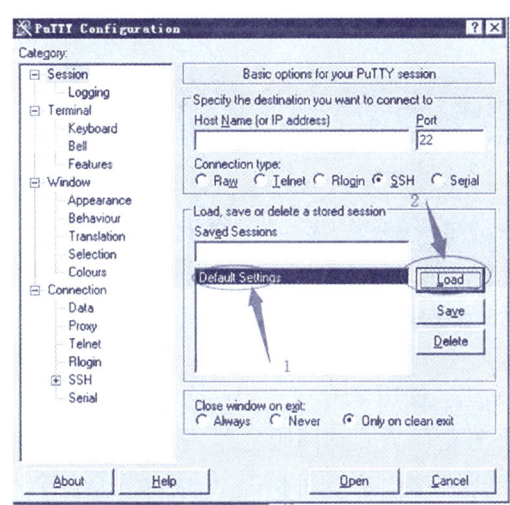

图 1-3 修改 Putty 默认设置

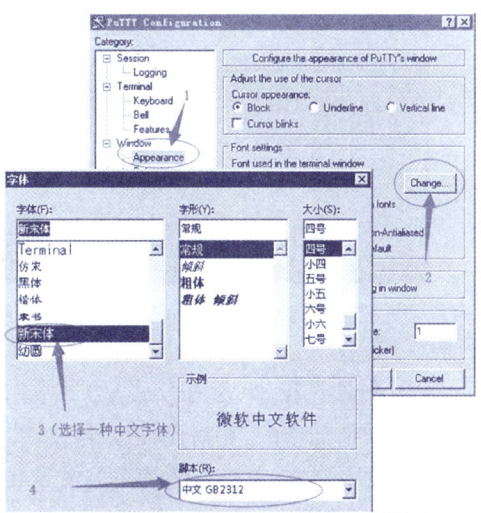

图 1-4 中文支持设置

步骤 3：设置远端服务器的字符集环境，这里请一定选择与服务器语言环境相同的字符集编码，否则中文会显示乱码。Linux 系统默认情况下使用 UTF-8 编码，如图 1-5 所示。

步骤 4：如果对 Putty 默认的黑底白字的颜色不满意，可以点击"Colours"修改前景文字和背景颜色。接下来返回到 Session 页面点击"Save"，将刚才的设置保存为默认值。

默认配置保存完成后，可以配置服务器连接设置，在 Session 页面将服务器 IP 或域名输入，选择 SSH 协议，端口会使用默认值 22（如果 SSH 服务器不使用默认值 22 作为端口，请根据实际情况修改）。假如是偶尔使用服务器进行连接访问，直接点击"Open"即可，但如果以后会经常访问，可将此配置保存为一个友好名称，以后双击此名称即可进行连接，如图 1-6 所示。

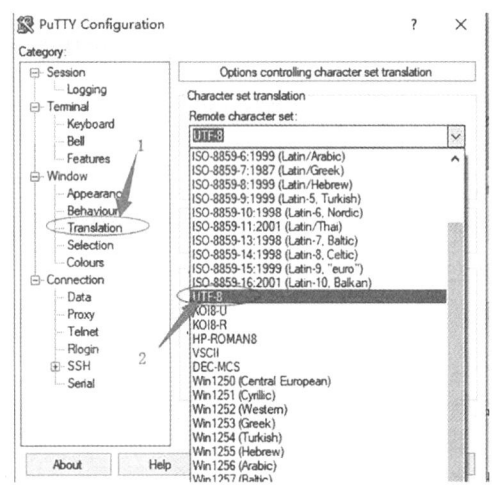

图 1-5　语言编码选择

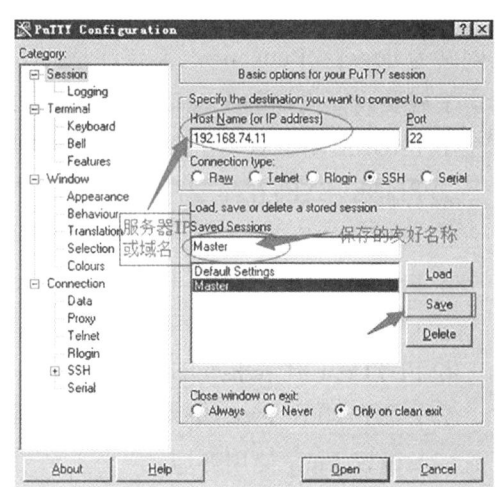

图 1-6　创建新会话连接

步骤 5：点击图 1-6 中"Open"，如果与服务器间网络通信正常，出现提示"login as:"时输入用户名回车，再输入账号密码即可登录系统，如图 1-7 所示。

图 1-7　Putty 访问服务器

步骤 6：使用证书（公钥私钥）方式登录访问系统。使用 SSH 方式访问服务器，在网络中传输的数据是加密的，相对比较安全，如果使用账号密码方式访问服务器，服务器容易受到暴力破解攻击，特别是那些需要通过互联网访问的服务器。在这种情况下，大部分企业会考虑使用证书方式进行访问，服务器会关闭账号密码方式验证，只有证书验证通过的用户才可与服务器建立连接。

使用公钥私钥登录的原理如图 1-8 所示。

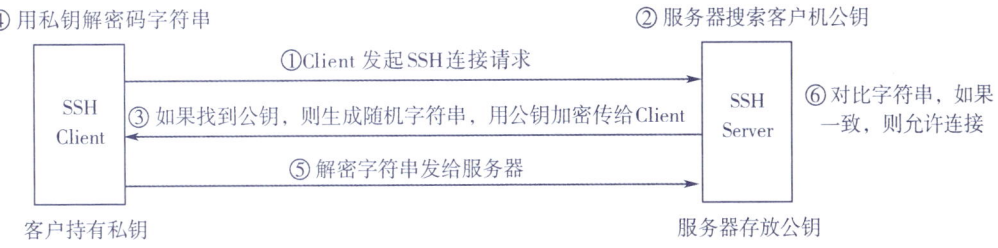

图 1-8　公钥私钥 SSH 访问原理

公钥和私钥可由服务器生成,也可由 Putty 生成。需要注意的是,Linux 下生成的私钥格式 Putty 不能直接使用,需要使用 Puttygen 进行格式转换后才可以使用。

生成一对公私钥命令如下:

```
###生成一对公私钥###
[hadoop@ Master ~]$ ssh-keygen
```

执行结果如图 1-9 所示。

图 1-9　密钥对生成

步骤 7:将公钥放入 $HOME/.ssh/authorized_keys 文件。

命令如下:

Spark 大数据开发

```
[hadoop@Master ~]$ cd ~/.ssh
[hadoop@Master .ssh]$ cat id_rsa.pub >> authorized_keys
[hadoop@Master .ssh]$ chmod 600 authorized_keys
```

下载私钥到 Windows 电脑上，如图 1-10 所示。

图 1-10　下载私钥

步骤 8：运行 Puttygen 并加载上一步中下载的私钥 id_rsa，如图 1-11 所示。

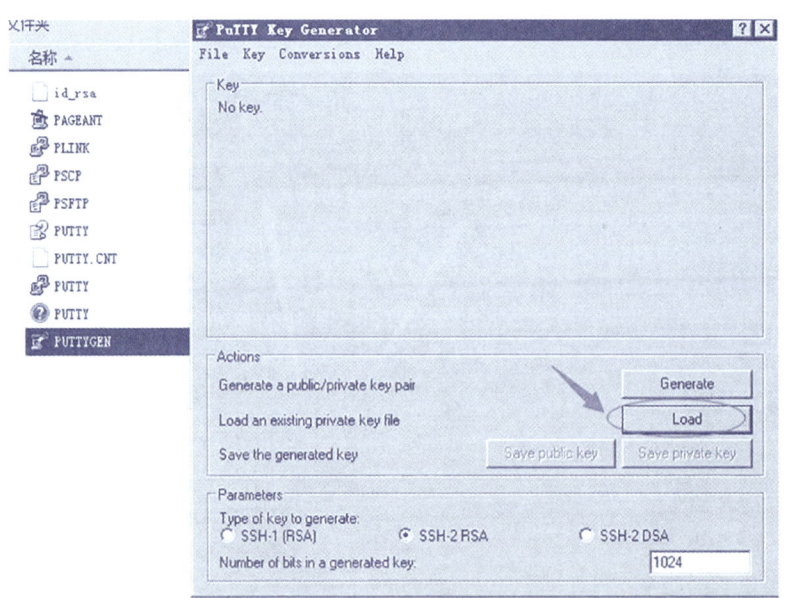

图 1-11　私钥加载

步骤 9：如果原私钥设置有密码，则会弹出输入私钥密码进行验证的界面，如图 1-12 所示。

步骤 10：设置备注及密码，如图 1-13 所示。

步骤 11：如图 1-13 所示，完成步骤 10 后点击"Save private key"保存私钥，即可得到 Putty 的 ppk 格式私钥（图 1-14）。

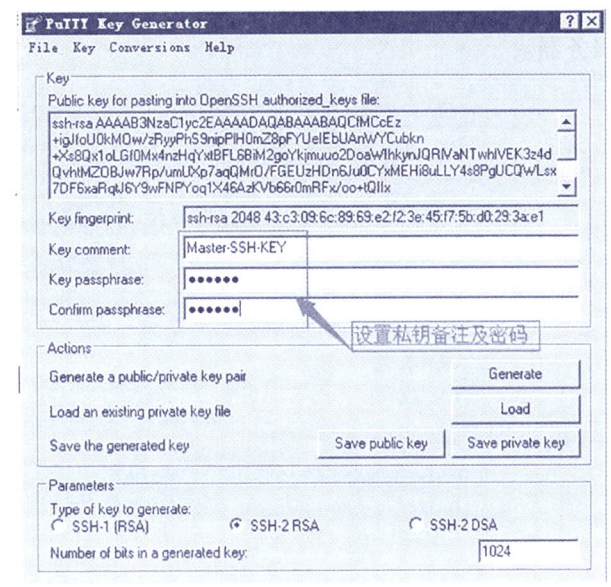

图 1-12　私钥密码验证　　　　　图 1-13　私钥信息修改

图 1-14　保存后的私钥文件

步骤 12：运行 Puttygen，选择 RSA 类型并设置密钥长度，点击"Generate"，生成一对公私钥，生成过程中，需要在进度条下方的区域不断移动鼠标，为生成过程产生随机数，否则进度会停止不动，如图 1-15 所示。

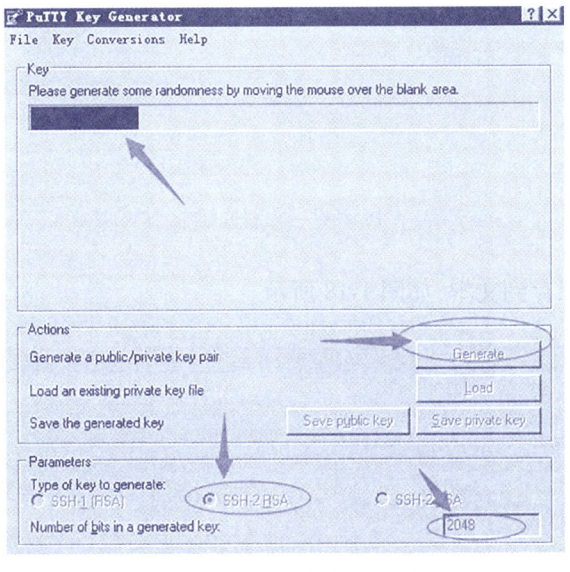

图 1-15　Putty 生成密钥对

步骤 13：分别将公钥和私钥保存为文件，如图 1-16 所示。私钥保存在本地备用，公钥需上传到服务器。

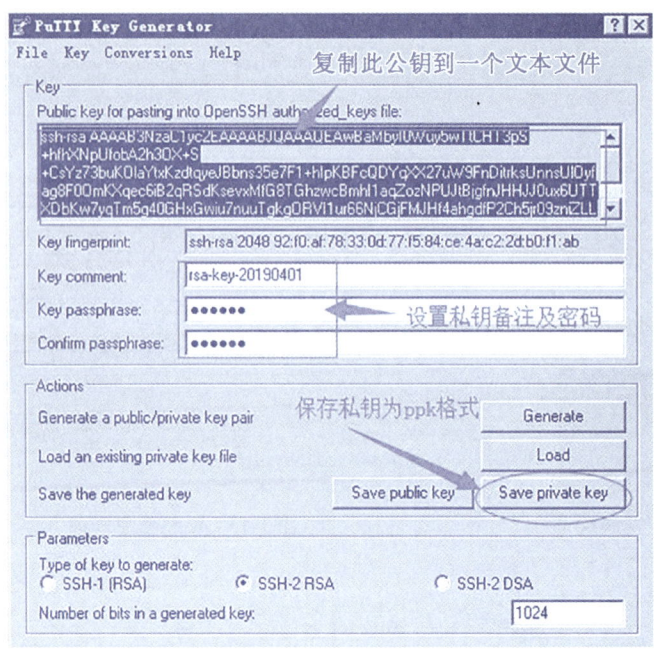

图 1-16　公私钥信息

步骤 14：将公钥直接复制存放到一个文本文件，如图 1-17 所示。切忌点击"Save public key"，这种方式生成的公钥 Linux 系统无法使用。

图 1-17　复制公钥

步骤 15：将公钥保存到文本，如图 1-18 所示。

图 1-18　保存公钥

文本文件中的公钥为一行内容，图 1-18 中显示多行是因为记事本开启了自动换行，不要手工增加换行。

步骤 16：将生成的公钥上传到服务器，如图 1-19 所示。

图 1-19　上传公钥文件

步骤 17：将公钥追加到用户 authorized.keys 文件中，如图 1-20 所示。

图 1-20　公钥加入认证文件

步骤 18：使用 Putty 私钥登录系统，如图 1-21 所示。运行 Putty 软件，加载之前创建的配置 Master，也可以新创建一个连接配置。

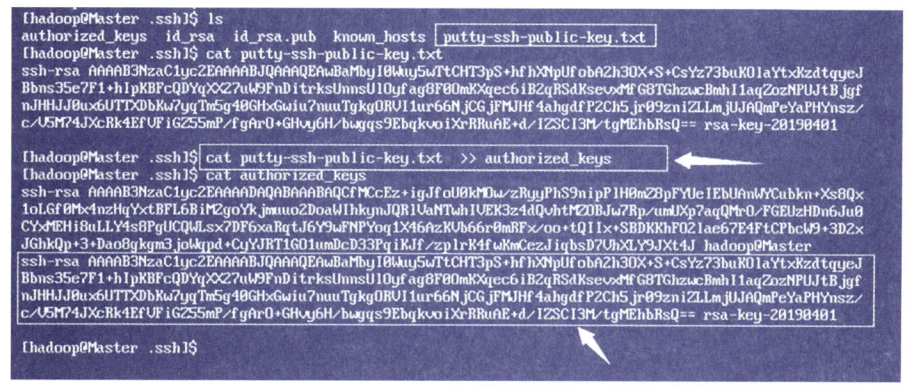

图 1-21　修改连接为私钥登录

步骤 19：配置 Putty。选择左侧"Connection"→"Data"设置自动登录名称（可以自动带入要登录的名称），如图 1-22 所示。

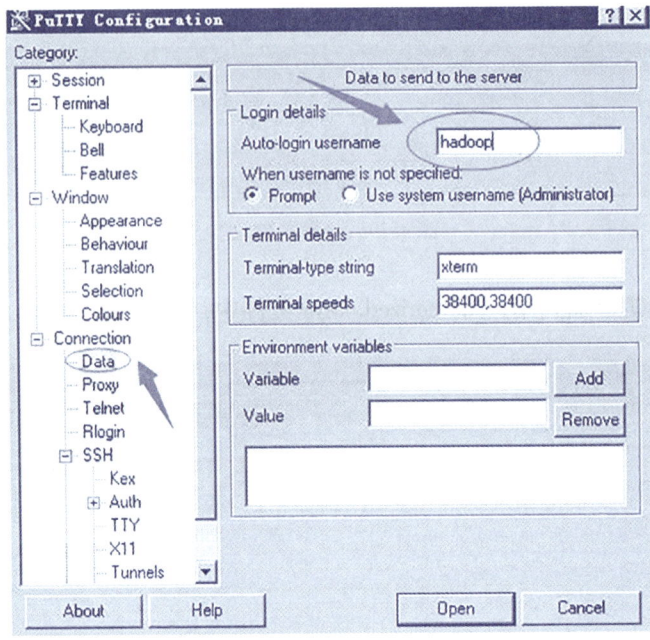

图 1-22　设置自动登录用户名

步骤 20：选择左侧"SSH"→"Auth"设置对应私钥，如图 1-23 所示。

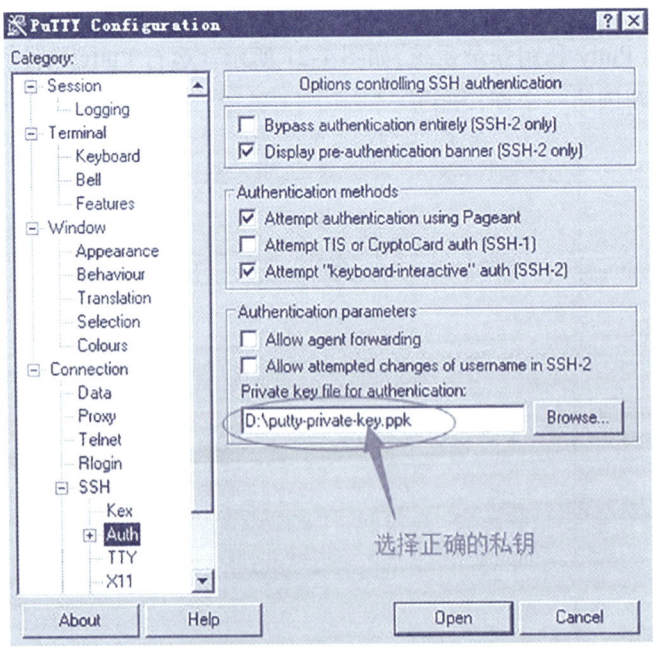

图 1-23　指定用户私钥

步骤21：选择图1-23最上方的"Session"，保存修改后点击"Open"，即可使用私钥进行服务器连接，如图1-24所示。

图1-24 私钥访问

2. 安装使用WinSCP

当需要在Windows与Linux之间传递文件时，可以在Putty软件包中使用命令行工具pscp，但因为在命令行使用不太方便，所以这里介绍另一款GUI工具WinSCP。

WinSCP是一个Windows环境下使用的SSH的开源图形化SFTP客户端，同时支持SCP协议。它的主要功能是在本地与远程计算机间安全地复制文件，并且可以直接编辑文件。

WinSCP安装文件可从其官方网站下载，下载后按默认方式进行安装后即可开始使用。使用环境设置操作如下。

步骤1：运行WinSCP工具。需要注意的是，WinSCP能够检测到Putty中保存的会话连接，并可根据选择导入WinSCP中，如图1-25所示。

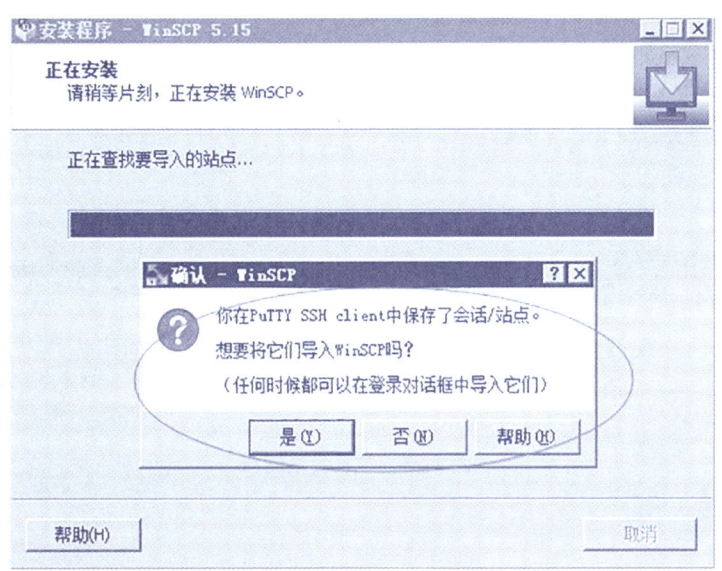

图1-25 导入Putty连接信息

步骤2：选择会话连接，如图1-26所示。

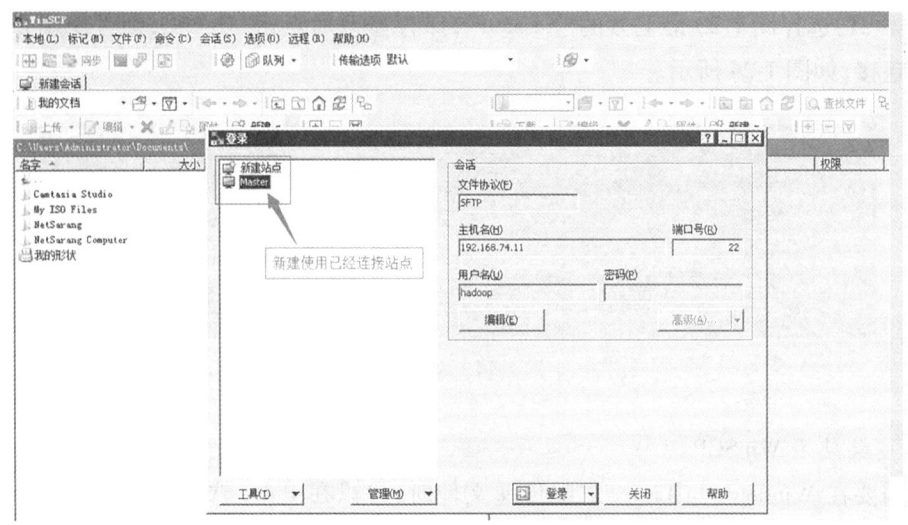

图 1-26　选择会话连接

步骤 3：如需要对连接选项进行修改，比如进行协议选择，可点击图 1-26 中"编辑"按钮后修改连接参数，如图 1-27 所示。

登录成功后，如果使用的是 Commander 窗口，左侧为本地资源文件，右侧窗体为远程服务器上的资源文件，只要有相应权限，两边窗体都可以切换目录，显示不同资源。如果需要上传、下载文件，可以用鼠标直接拖拽完成操作，如图 1-28 所示。

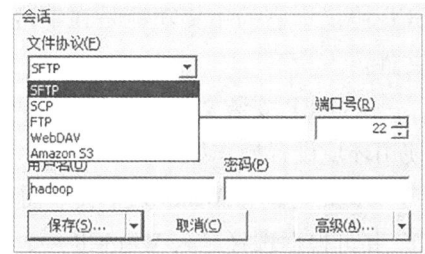

图 1-27　编辑修改连接参数

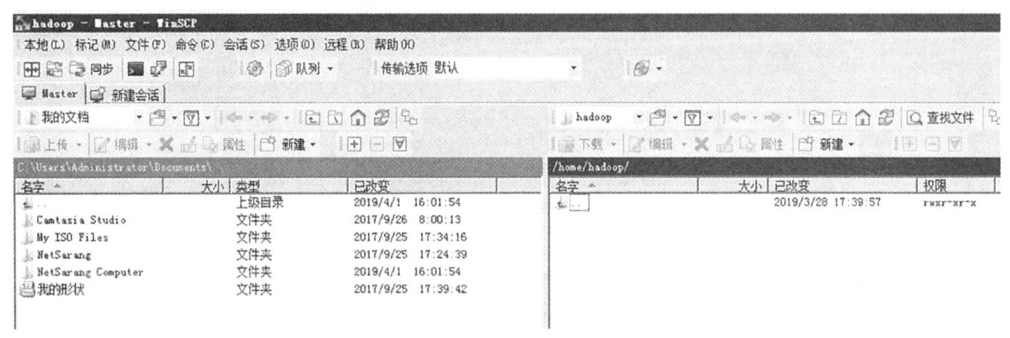

图 1-28　建立会话连接

1.6　典型工作环节 6：搭建 Spark 平台环境

Spark 可以部署在 Windows 系统和 Linux 系统中。在企业应用中，通常是将 Spark 部署在 Linux 系统中。因此，本节内容主要介绍如何在 Linux 环境下部署分布式 Spark 开发平台。根据 Spark 不同的应用场景需求，可选择的 Spark 环境有单机模式、伪分布式模式、完全分布式模式。

1.6.1　搭建 Spark 平台单机模式

单机模式是指不启动 Spark 的各个进程，通过调用 Spark 的 API 进行计算的模式。该模式一般用于测试。

由于 Spark 设计的是主从结构，即便是单机，也是一个单机的集群。为避免 Spark 的进程在相互访问时需要输入系统登录密码，另外还要安装 Java、Spark 和 SSH。这里的 SSH 与 Putty、Xshell 的公钥原理是一致的。

1. 安装 SSH

步骤 1：使用命令安装 SSH。

```
#####安装 openssh####
yum install openssh *
```

安装过程中提示确认安装信息，如图 1-29 所示。

```
Transaction Summary
================================================================================
Install  5 Packages

Total download size: 585 k
Installed size: 645 k
Is this ok [y/d/N]:
```

图 1-29　确认安装信息

步骤 2：输入“y”，继续安装。安装完毕后提示“Complete！”，如图 1-30 所示。

```
Installed:
  openssh-askpass.x86_64 0:7.4p1-16.el7                    openssh-cavs.x86_64
  openssh-server-sysvinit.x86_64 0:7.4p1-16.el7

Complete!
```

图 1-30　安装完毕

步骤 3：将 SSH 设置成跟随系统启动的服务。

```
#####添加开机自动启动服务#####
systemctl enable sshd
```

步骤 4：启动 SSH 服务。

```
systemctl start sshd
```

步骤 5:使用 SSH 连接本机。

```
ssh localhost
```

连接过程需要输入"yes",敲回车,然后输入账户登录密码,如图 1-31 所示。

```
[root@datanode01 ~]# ssh localhost
The authenticity of host 'localhost (::1)' can't be established.
ECDSA key fingerprint is SHA256:/rKL2jGnhAGZxGqiDkQCpxc5O40/YGKWtk0x1ZwQm1Q.
ECDSA key fingerprint is MD5:fe:2f:e5:93:d4:5f:44:c6:e3:bb:36:95:89:88:8c:63.
Are you sure you want to continue connecting (yes/no)? yes^H^H
Warning: Permanently added 'localhost' (ECDSA) to the list of known hosts.
root@localhost's password:
```

图 1-31　输入密码

登录成功后将提示最后一次登录时间,如图 1-32 所示。

```
root@localhost's password:
Last failed login: Thu Apr 18 15:11:09 CST 2019 from localhost on ssh:notty
There was 1 failed login attempt since the last successful login.
Last login: Thu Apr 18 14:42:56 2019 from 192.168.13.37
```

图 1-32　登录本机

步骤 6:在本机上生成密钥。

```
cd ~/
ssh-keygen -t rsa -P '' -f ~/.ssh/id_dsa
```

密钥指纹如图 1-33 所示。

```
[root@datanode01 ~]# ssh-keygen -t rsa -P '' -f ~/.ssh/id_dsa
Generating public/private rsa key pair.
Your identification has been saved in /root/.ssh/id_dsa.
Your public key has been saved in /root/.ssh/id_dsa.pub.
The key fingerprint is:
SHA256:0owewIfni0e27ez23oHPo1IAeymfbmNAJM2z8Bj/3EQ root@datanode01.lab.hwadee.com
The key's randomart image is:
+---[RSA 2048]----+
|        o        |
|     +.*. E      |
|      O+=oo      |
|     ..B*++.     |
|     ..o*==S     |
|      o..=oo.    |
|       oo...     |
|       .+B +.    |
|       .*==+.+.  |
+----[SHA256]-----+
```

图 1-33　生成密钥

步骤 7:将密钥保存到文件。

```
cd .ssh
cat id_dsa.pub >> authorized_keys
```

此时在当前目录下会自动创建 authorized_keys 文件,密钥也被自动保存到 authorized_keys 文件中,如图 1-34 所示。

```
[root@datanode01 .ssh]# cat id_dsa.pub >> authorized_keys
[root@datanode01 .ssh]# ls
authorized_keys   id_dsa   id_dsa.pub   known_hosts
```

图 1-34 保存密钥文件

2. 安装 Java

由于 Spark2.X 版本后自带 Scala,无须单独安装。但是 Spark 的运行需要依赖 JDK,因此需要安装 Java 环境。

步骤 1:输入命令安装 JDK。

```
yum search openjdk
yum install java-1.8.0-openjdk.x86_64
yum install java-1.8.0-openjdk-devel.x86_64
```

步骤 2:配置 Java 环境变量。Java 环境变量可以针对整个系统所有用户配置,也可以只对使用的用户进行设置。对全局所有账号配置,可将环境变量放入/etc/profile 或/etc/bashrc 文件中,如对单个用户进行设置,可将环境变量放入 $HOME/.bash_profile 或 $HOME/.bashrc 中。

```
vi .bash_profile
```

如图 1-35 所示,添加如下内容。

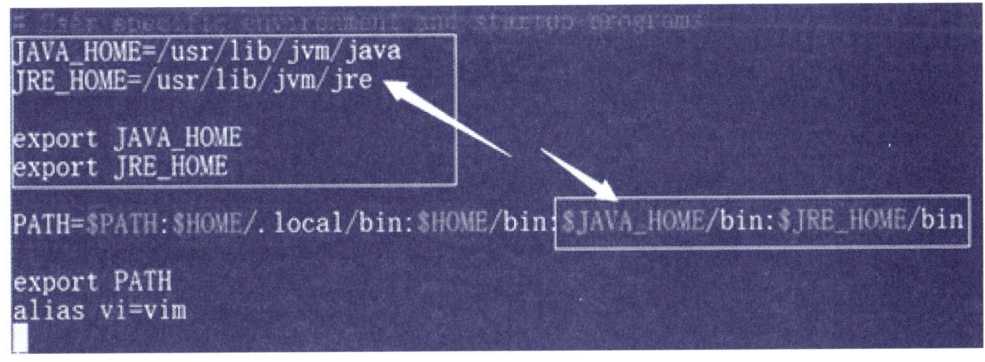

图 1-35 设置环境变量

步骤 3:为让环境变量生效,可退出系统,然后重新登录,登录时将会自动加载新设置的环境变量,如想让环境变量不退出系统而生效,可采用手工加载方式完成。

```
source .bash_profile
```

Spark 大数据开发

步骤 4:验证环境变量是否生效。

```
env | grep HOME
env | grep PATH
```

执行结果如图 1-36 所示。

```
[hadoop@Master ~]$
[hadoop@Master ~]$ source .bash_profile
[hadoop@Master ~]$
[hadoop@Master ~]$ env | grep HOME
JRE_HOME=/usr/lbi/jvm/jre
JAVA_HOME=/usr/lib/jvm/java/
HOME=/home/hadoop
[hadoop@Master ~]$ env | grep PATH
PATH=/usr/local/bin:/bin:/usr/bin:/usr/local/sbin:/usr/sbin:/home/hadoop/.local/bin:/home/hadoop/bin:/
vm/jre/bin
```

图 1-36　验证环境变量

3. 安装 Spark

从官网下载 spark-2.1.1-bin-hadoop2.7.tgz 到本地进行安装。

步骤 1:如图 1-37 所示,使用 WinSCP 上传到服务器 opt 目录下。

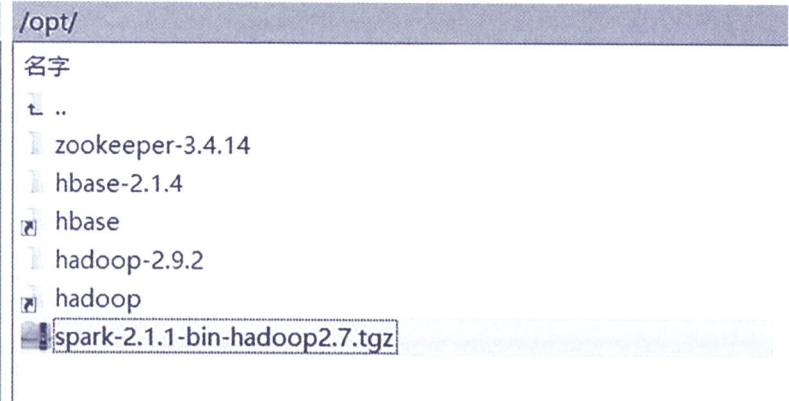

图 1-37　将 Spark 上传到服务器

步骤 2:使用如下命令解压文件。

```
tar -zxf /opt/spark-2.1.1-bin-hadoop2.7.tgz -C /usr/local/
```

可切换到/usr/local/,查看解压后的文件。

```
cd /usr/local/
ls
```

执行结果如图 1-38 所示。

步骤 3:将文件重命名。

```
mv spark-2.1.1-bin-hadoop2.7 spark
```

```
[root@datanode01 local]# ls
bin  etc  games  include  lib  lib64  libexec  sbin  share  spark-2.1.1-bin-hadoop2.7
```

图 1-38　Spark 文件

步骤 4：复制 spark-env.sh.template 文件。

　　cd spark/
　　cp ./conf/spark-env.sh.template ./conf/spark-env.sh

步骤 5：添加 Spark 环境变量。

　　vi ~/.bashrc

添加如下内容。

　　export SPARK_HOME=/usr/local/spark
　　export PYTHONPATH=$SPARK_HOME/python：$SPARK_HOME/python/lib/py4j-0.10.4-src.zip：$PYTHONPATH
　　export PYSPARK_PYTHON=python3
　　export PATH=$HADOOP_HOME/bin：$SPARK_HOME/bin：$PATH

步骤 6：使变量修改生效。

　　source ~/.bashrc

步骤 7：验证安装。

　　cd /usr/local/spark
　　bin/run-example SparkPi 2>&1 | grep "Pi is"

命令执行结果如图 1-39 所示。

```
[root@datanode01 spark]# cd /usr/local/spark
[root@datanode01 spark]# bin/run-example SparkPi 2>&1 | grep "Pi is"
Pi is roughly 3.143515717578588
```

图 1-39　验证 Spark 安装

1.6.2　搭建 Spark 平台伪分布式模式

伪分布模式是指 Spark 的各个进程独立运行，但是都运行在同一个 Java 虚拟机中。伪分布式模式使用的是 Spark 自带的集群管理工具，需要做如下配置。

步骤 1：将 spark-defaults.conf.template 重命名为 spark-defaults.conf。

　　cd /usr/local/spark/conf
　　mv spark-defaults.conf.template spark-defaults.conf

步骤 2:配置 slave。重命名 slaves.template。

```
mv slaves.template slaves
```

将文件底部的 localhost 修改为 datanode01.lab.hwadee.com。

步骤 3:使用如下命令启动 Spark 集群。

```
cd $SPARK_HOME
./sbin/start-all.sh
```

步骤 4:验证启动状态,输入命令。

```
jps
```

命令执行结果如图 1-40 所示,出现框中的进程,表示集群正常启动。

图 1-40　Spark 守护进程

在浏览器输入地址:

```
http://datanode01.lab.hwadee.com:8080/
```

可以看到 SparkUI 界面,如图 1-41 所示。

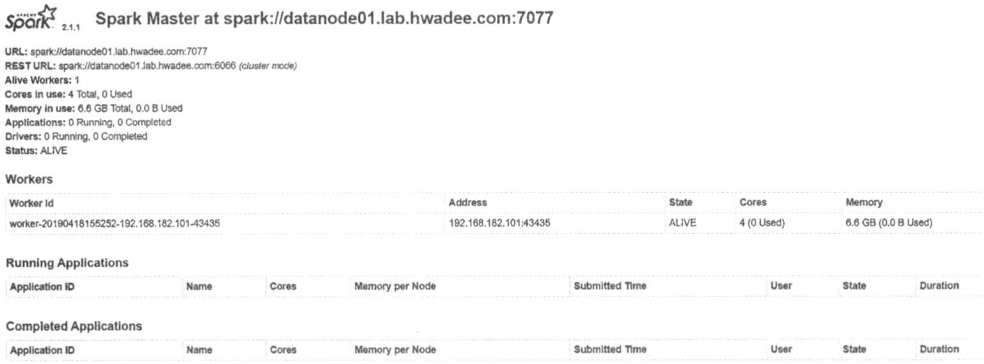

图 1-41　Spark 集群页

步骤 5:提交应用到集群。

```
./bin/spark-submit --master spark://datanode01.lab.hwadee.com:7077 --class org.apache.spark.
examples.SparkPi /usr/local/spark/examples/jars/spark-examples_2.11-2.1.1.jar
```

如图 1-42 所示，Spark 创建了应用，ID 为 app-20190418160620-0000，Name 为 Spark Pi，State 为 FINISHED。

Application ID	Name	Cores	Memory per Node	Submitted Time	User	State	Duration
Running Applications							
Completed Applications							
app-20190418160620-0000	Spark Pi	4	1024.0 MB	2019/04/18 16:06:20	root	FINISHED	3 s

图 1-42　应用信息

1.6.3　搭建 Spark 平台完全分布式模式

使用已安装的 Linux 虚拟机，搭建 Spark 完全分布式模式，并在集群上提交应用。操作步骤如下。

步骤 1：编辑 slaves 文件，添加集群节点。

```
vi /usr/local/spark/conf/slaves
```

添加如下内容。注意，这是相互能够连通，使用 SSH 工具能互相登录的两台 Linux 服务器。其中，master.lab.hwadee.com 作为主节点，datanode01.lab.hwadee.com 作为工作节点。

```
master.lab.hwadee.com
datanode01.lab.hwadee.com
```

步骤 2：编辑 spark-env.sh 文件，设置主节点的 IP 和主机名称。

```
vi /usr/local/spark/conf/spark-env.sh
```

在文件顶部添加内容。

```
export SPARK_MASTER_IP=192.168.182.11
export SPARK_MASTER_HOST=master.lab.hwadee.com
```

步骤 3：将整个 Spark 目录同步到 master.lab.hwadee.com 机器同一目录下。

```
scp -r /usr/local/spark master.lab.hwadee.com:/usr/local/
```

步骤 4：启动集群。登录到 master.lab.hwadee.com 机器上的 spark 目录下，运行命令。

```
cd /usr/local/
./sbin/start-all.sh
```

然后在浏览器打开地址:

```
http://master.lab.hwadee.com:8080/
```

如图 1-43 所示,可以看到集群中有两个节点。

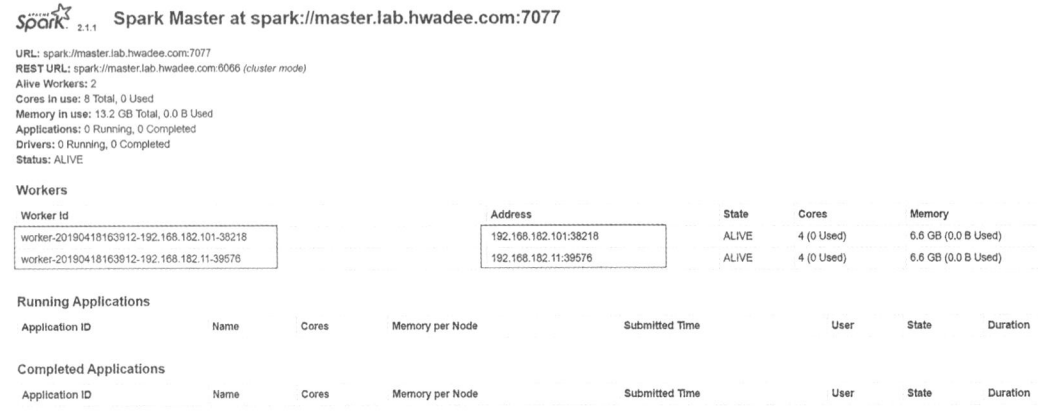

图 1-43　集群页面

步骤 5:提交任务到集群。

```
./bin/spark-submit --master spark://master.lab.hwadee.com:7077 --class org.apache.spark.examples.SparkPi /usr/local/spark/examples/jars/spark-examples_2.11-2.1.1.jar
```

刷新 Web 页面,可以看到新的应用已经提交到 Spark 集群上,如图 1-44 所示。

图 1-44　集群上的应用

点击应用 ID 的链接,切换到应用详情页,如图 1-45 所示,可以看到两个节点都在执行 Spark 应用,这就是完全集群模式下的应用提交。

2.1.1 Application: Spark Pi

ID: app-20190418164248-0000
Name: Spark Pi
User: root
Cores: Unlimited (8 granted)
Executor Limit: Unlimited (2 granted)
Executor Memory: 1024.0 MB
Submit Date: Thu Apr 18 16:42:48 CST 2019
State: FINISHED

Executor Summary

ExecutorID	Worker	Cores

Removed Executors

ExecutorID	Worker
1	worker-20190418163912-192.168.182.101-38218
0	worker-20190418163912-192.168.182.11-39576

图 1-45　应用详情

1.7 归纳总结与拓展提高

本工作情景主要介绍了 Spark 平台环境的搭建。从认识 Spark 开始，到 Spark 生态、应用场景等，逐步深入理解 Spark。然后做了搭建 Spark 平台的准备工作，对单机模式、伪分布式模式、完全分布式模式的 Spark 平台环境进行了介绍。

1.8 课后练习

选择题

1. 以下关于 Spark 说法错误的是(　　)。
   A. Spark 专为取代 Hadoop 而设计的大数据平台
   B. Spark 与 Hadoop 的 MapReduce 类似，主要负责数据处理过程
   C. 大部分情况下 Spark 的数据处理速度远远高于 MapReduce
   D. Spark 有比较完整的生态环境，可以与多种快速编程语言配合进行数据处理

2. Spark 可能运行在多种操作系统上，以下相关描述正确的是(　　)。
   A. 一般情况下 Windows 环境下安装 Spark 用于测试环境
   B. Spark 运行在 CentOS 系统上具有最佳性能

C. Spark 运行于 Linux 下时，只能使用 CentOS

D. Linux 内核中有对 Spark 进行专门优化，所以一般生产环境的操作系统采用 Linux

3. Linux 远程使用 SSH 访问时，以下说法正确的是（　　）。

A. 只能使用用户名密码方式进行认证登录

B. 只能使用 RSA 公钥私钥方式进行认证登录

C. RSA 私钥不能设置密码，所以用户可以免密码登录

D. SSH 连接远程主机时，用户与主机间的数据是加密传输的

4. 以下关于 RSA 密钥说法错误的是（　　）。

A. RSA 密钥对可在 Linux 系统中制作，也可以在 Windows 系统下的客户端软件中制作

B. 当使用 SSH 客户端软件制作 RSA 密钥时，须将公钥上传到服务器

C. SSH 访问时，客户端配置私钥，服务器端配置对应的公钥

D. Linux 系统中一个用户只能对应一份 RSA 密钥对

5. 以下关于 Spark 运行模式说法正确的是（　　）。

A. Spark 只能运行于集群模式，依赖于 Hadoop 的 hdfs 分布式文件系统

B. Spark 伪分布模式，各个进程都运行在同一个 Java 虚拟机中

C. Spark 伪分布模式，需要多个主机配合来实现

D. Spark 只能独立运行，不能使用 HDFS 中的资源

6. Spark 有哪些特点？[多选]（　　）

A. Speed：快速高效　　　　　　　B. Ease of Use：简洁易用

C. Generality：全栈式数据处理　　D. Runs Everywhere：兼容

7. 以下哪个不是 Spark 的四大组件？（　　）

A. Spark Streaming　　　　　　　B. MLlib

C. GraphX　　　　　　　　　　　D. Spark R

8. 以下哪个不是 Spark 服务的端口？（　　）

A. 8080　　　　　　　　　　　　B. 4040

C. 8090　　　　　　　　　　　　D. 18080

9. 以下哪种方式是分布式部署？[多选]（　　）

A. Spark on local　　　　　　　　B. Spark on mesos

C. Spark on YARN　　　　　　　D. Standalone

学习情境二 使用 Scala 统计平台数据

项目概述

Spark 是一个通用的分布式并行计算框架,可以支持采用 Scala、Java、Python 和 R 语言开发应用程序。由于 Spark 内核是由 Scala 语言开发的,因此 Scala 语言是开发 Spark 应用程序首选语言。

学习目标

掌握 Scala 语言的基础知识,包括基本数据类型和变量、常用容器类型、输入/输出和控制结构、函数、类、异常处理等。

2.1 典型工作环节 1:需求分析

新时期的职业院校作为高素质技能型人才培养的摇篮,每年都有大批毕业生走向就业岗位,为了让毕业生在人才市场上精准就业,毕业生需要了解最新行业动态、就业岗位要求、薪资水平等信息。现某学院利用前沿的大数据技术采集三大就业门户网的行业就业信息,然后进行统计,实时显示给毕业生,助其精准就业。

该平台需采集如下信息:最新行业动态信息、就业岗位的要求、薪资水平等。然后对该城市职位类型最高薪酬、平均薪酬进行统计。

2.2 典型工作环节2：步骤分析

根据需求分析采取如下步骤。
第一步：优选系统开发语言。
第二步：搭建开发环境。
第三步：使用程序设计语言统计平台数据，编写程序，收集三大网站某城市IT行业全部岗位需求信息，包括岗位名称、地区、岗位类型、薪资。
第四步：统计该城市职位类型最高薪酬、平均薪酬。

2.3 典型工作环节3：优选系统开发语言

Spark开发目前主要可以使用三种语言：Scala、Java、Python。Scala与其他开发语言对比如下。

1. Scala 与 Java

（1）当涉及大数据Spark项目场景时，与Python和Scala相比，Java太冗长了，1行Scala代码可能需要10行Java代码。

（2）当开发大数据项目时，Scala支持Scala-shell，这样可以更容易地进行原型设计，并帮助初学者轻松学习Spark，而无需全面的开发周期。但是Java不支持交互式的shell功能。

2. Scala 与 Python

（1）二者都有很简洁的语法；二者都是面向对象加功能；二者都有活跃的社区。

（2）Python通常比Scala慢，Scala会提供更好的性能。

（3）Scala是静态类型的。错误在编译阶段就抛出，使大型项目的开发过程更简便。

（4）Scala基于JVM，因为Spark是基于Hadoop的文件系统HDFS的。Python与Hadoop服务交互非常糟糕，因此开发人员必须使用第三方库（如Hadoopy）。Scala通过Java中的Hadoop API来与Hadoop进行交互。

通常在Scala中编写本机Hadoop应用程序非常简单，另外Scala在JVM上运行，这使得更容易集成Hadoop、YARN等框架，因此优选Scala语言进行开发。

2.4 典型工作环节4：了解Scala语言

编程语言的流行主要归功于技术优势以及对时代需求的适应性。随着近几年大数据技术、物联网技术的快速发展，对于高并发性、异构性以及快速开发等应用场景，函数式编程语言流行起来，而传统的面向对象编程的统治地位还没有结束，因此，能够将二者结合起来的 Scala 语言开始流行起来。

Scala 是由瑞士洛桑联邦理工学院的马丁·奥德斯基（Martin Odersky）教授于 2001 年设计的。Scala 语言的名称来自"scalable language"，意为"可扩展"的语言。Scala 的"可扩展"是因为它融合了函数式编程和面向对象编程的思想，前者让它可以很方便快速地构建可用程序，后者则让其具有构建大型可扩展系统的能力。Scala 可以访问现存的数之不尽的 Java 类库。

基于 Scala 函数式编程特性，其在大数据时代越来越受欢迎。其包含以下特点。

1. 面向对象

Scala 是一门纯粹的面向对象的语言。Scala 运行于 Java 虚拟机（JVM）之上，并且兼容现有的 Java 程序，可以与 Java 类进行互操作，包括调用 Java 方法、创建 Java 对象、集成 Java 类和实现 Java 接口。

在 Scala 中，每个值都是对象。对象的数据类型以及行为由类和特质描述。类抽象机制的扩展有两种途径：一种途径是子类继承，另一种途径是灵活的混入机制。这两种途径能避免多重继承的一些问题。

2. 函数式编程

Scala 也是一种函数式语言，其函数也能当成值来使用。Scala 提供了轻量级的语法用以定义匿名函数，支持高阶函数，允许嵌套多层函数，并支持柯里化。Scala 的 case class 及其内置的模式匹配相当于函数式编程语言中常用的代数类型。

2.5 典型工作环节 5：搭建开发环境

尽管 Scala 与 Java 兼容，同样也运行在 Java 虚拟机之中，但是它使用的是自身的开发接口，因此需要单独安装相关的库，同时需要提前安装 Java 虚拟机。

编写 Scala 程序使用 Eclipse、ENSIME、NetBeans、Vim、IntelliJ IDEA 等作为开发工具，但在生产环节中，根据用户量和趋势以及官方推荐，本书将采用 IntelliJ IDEA 作为主要开发环境。安装步骤如下：

第一步，安装 Scala SDK；
第二步，安装 IntelliJ IDEA；
第三步，安装 IntelliJ IDEA Scala 开发插件。

2.5.1 安装 Scala SDK

从官网下载 Scala SDK。注意选择和 Spark 配套的版本。根据本书 Spark 的版本，这里选择 2.11.12 版本。

scala-2.11.12.msi

下载完毕后就可以进行安装。安装步骤如下。

步骤1:双击软件名称,打开欢迎界面,如图 2-1 所示,然后点击"Next"。

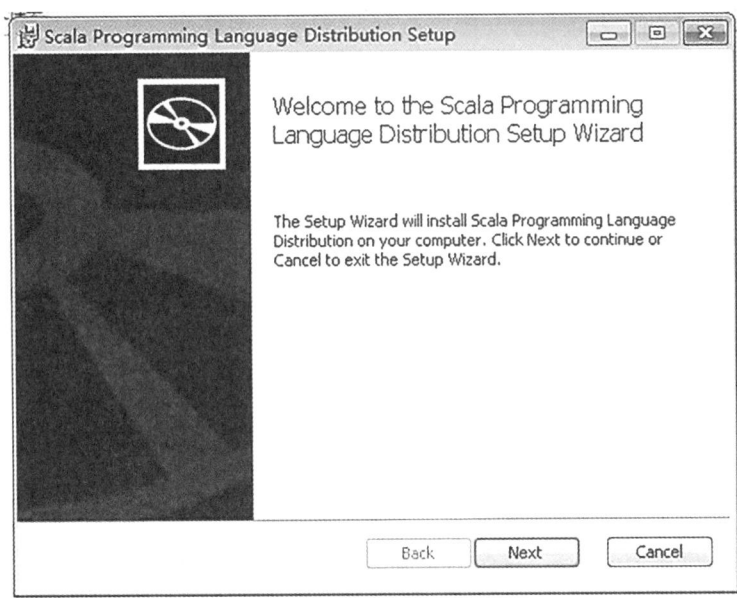

图 2-1　Scala 欢迎界面

步骤2:如图 2-2 所示,接受许可确认界面。勾选接受许可复选框,然后点击"Next"。

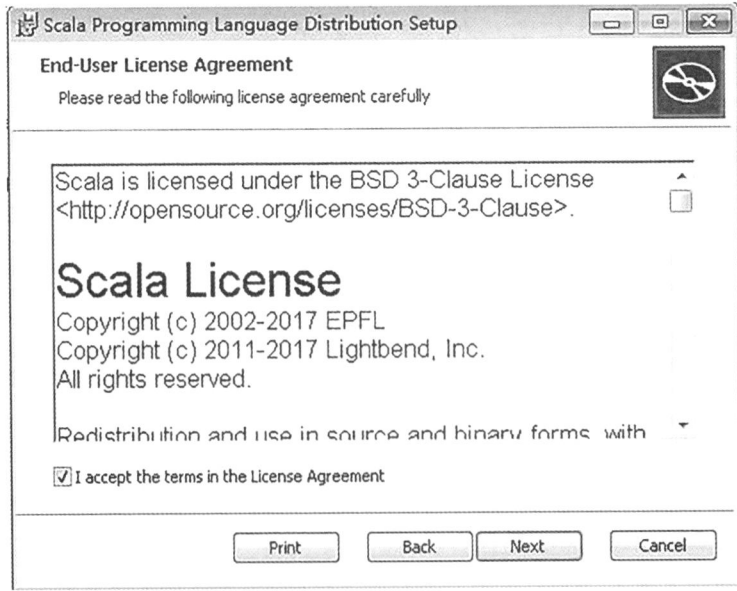

图 2-2　接受许可

步骤3：如图2-3所示，选择安装路径。保持默认，然后点击"Next"。

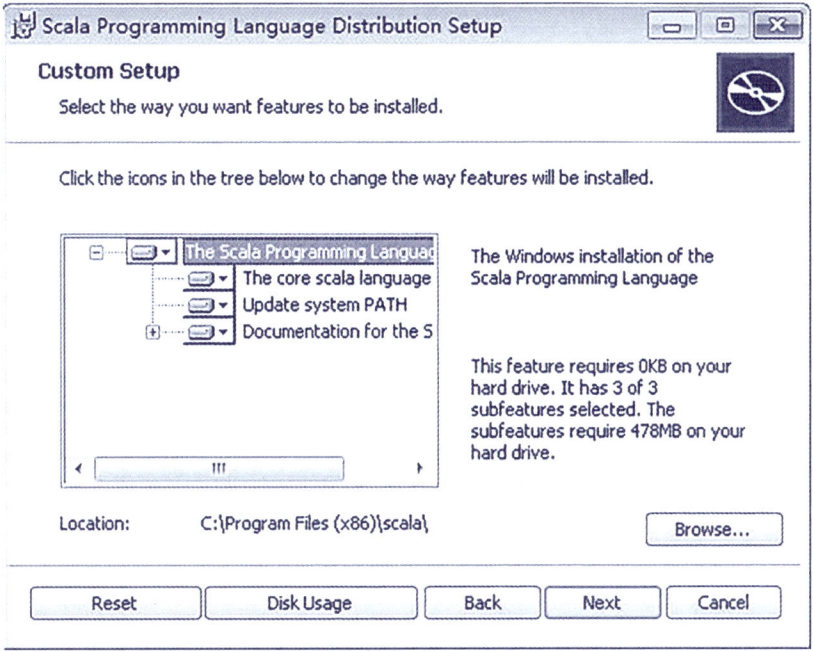

图2-3　选择安装路径

步骤4：如图2-4所示，进入安装确认界面，然后点击"Install"。

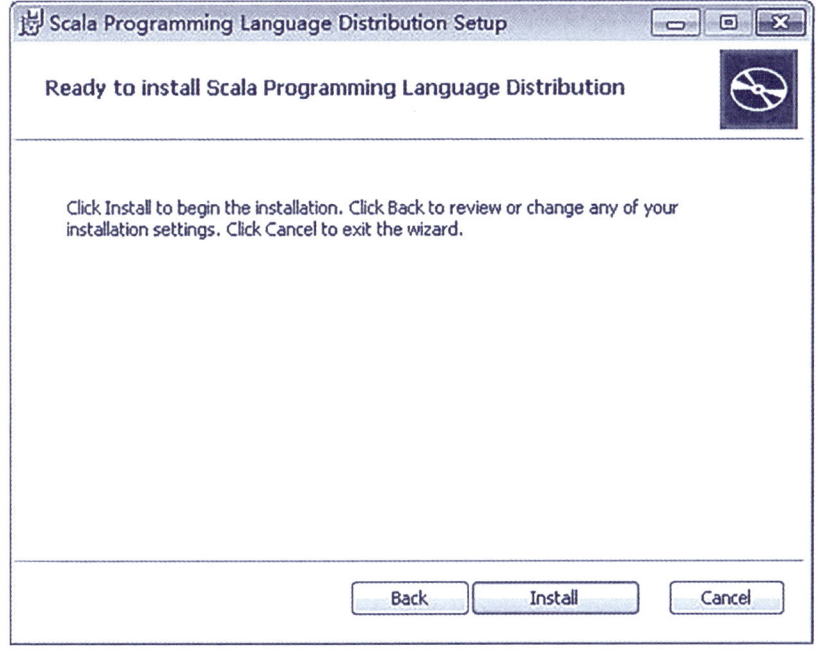

图2-4　安装确认界面

步骤5：如图2-5所示，等待安装完毕。

图2-5 安装等待

步骤6：如图2-6所示，安装完毕，点击"Finish"按钮关闭对话框。

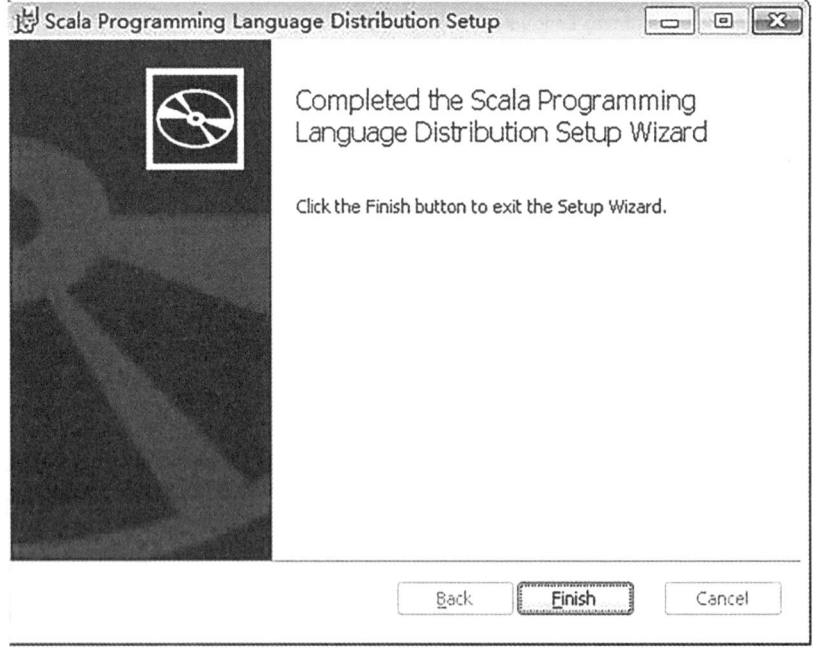

图2-6 安装完毕

步骤 7：右键单击计算机，选择"属性"菜单，如图 2-7 所示，选择"高级系统设置"。

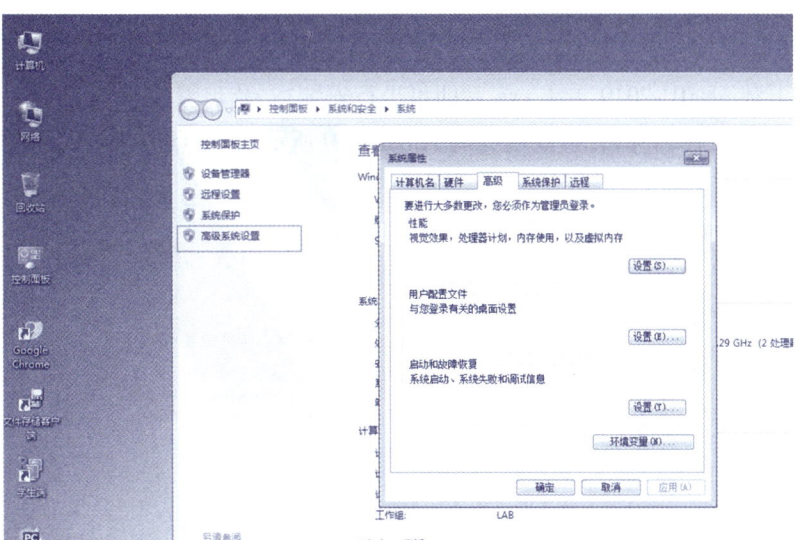

图 2-7　选择环境变量

步骤 8：如图 2-8 所示，将 Scala 路径加入环境变量。

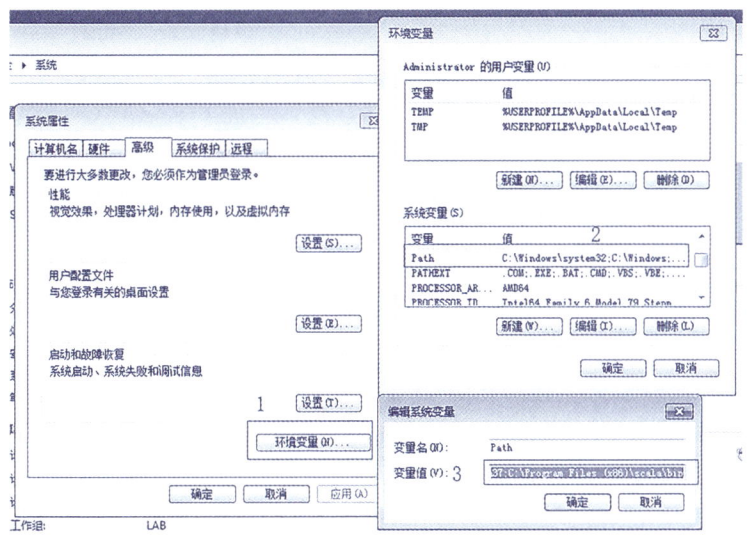

图 2-8　设置环境变量

步骤 9：如图 2-9 所示，在命令行窗口中输入"scala"，若能输出对应版本号，则表示正常安装。

图 2-9　验证安装

2.5.2　安装 IntelliJ IDEA

从官网下载 ideaIU-2019.1.1.exe 后即可进行安装，安装步骤如下。

步骤 1：双击软件名称，打开欢迎界面，如图 2-10 所示，然后点击"Next"。

图 2-10　IDEA 欢迎界面

步骤 2：如图 2-11 所示，选择安装路径，然后点击"Next"。

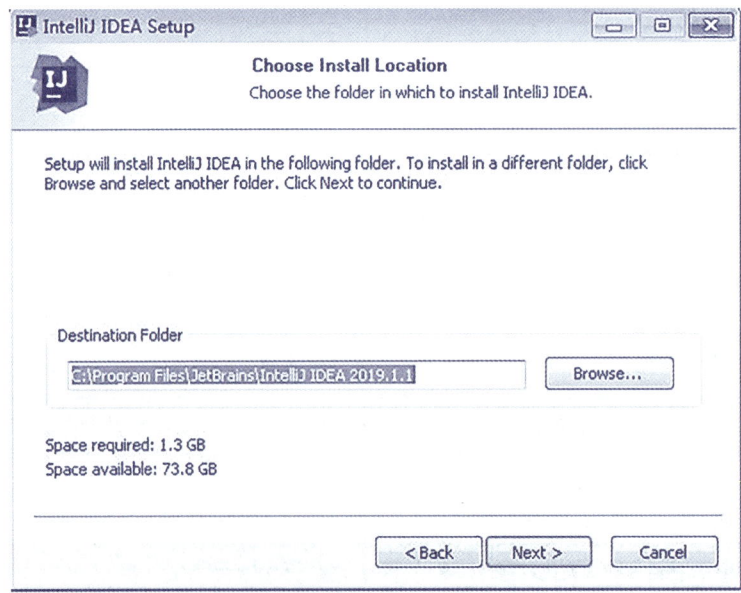

图 2-11　设置安装路径

步骤 3：如图 2-12 所示，这里需要根据系统的位数来勾选"32-bit"或者"62-bit"。其余选项保持默认，继续点击"Next"。

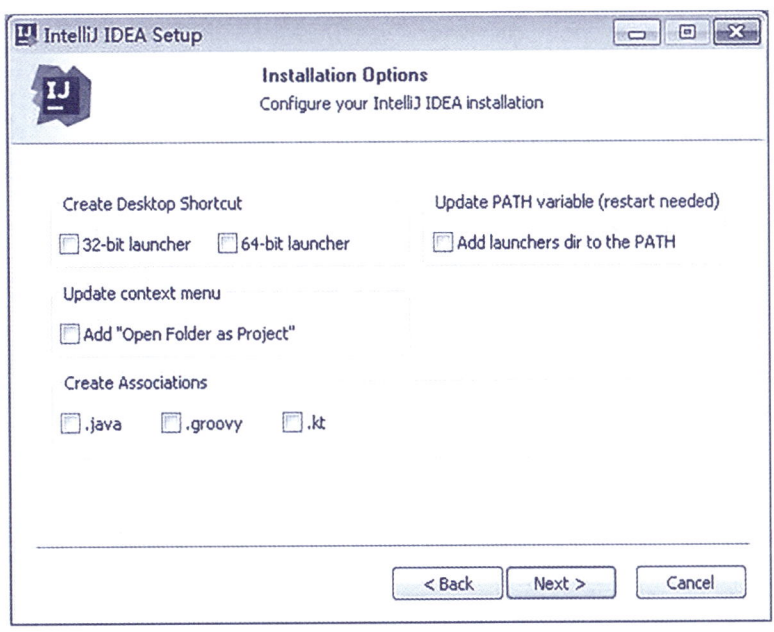

图 2-12　安装配置

步骤 4：如图 2-13 所示，设置开始菜单目录名称，这里保持默认，然后点击"Install"进行安装。

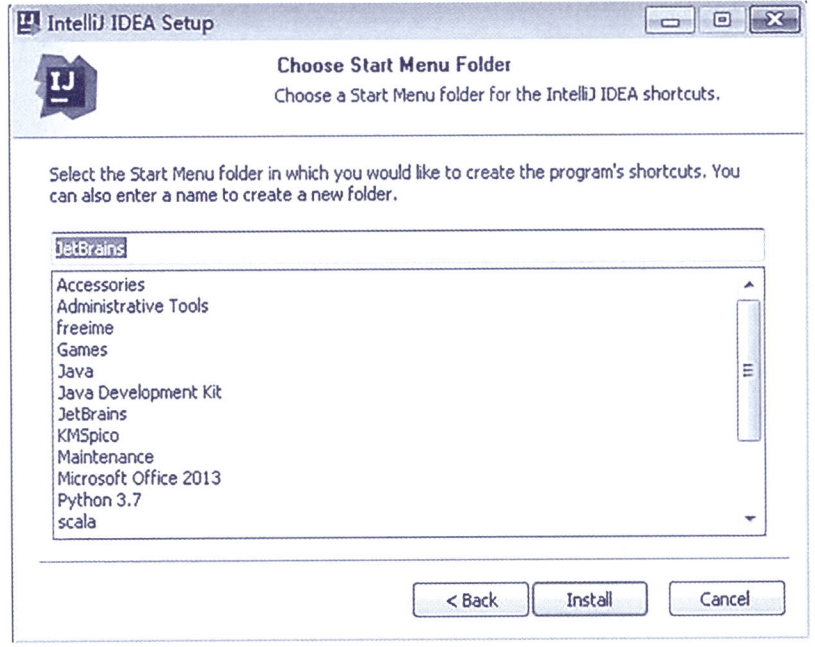

图 2-13　创建开始菜单目录

步骤 5：如图 2-14 所示，等待安装结束。

图 2-14　等待安装

步骤 6：如图 2-15 所示，点击"Finish"按钮，关闭安装界面。

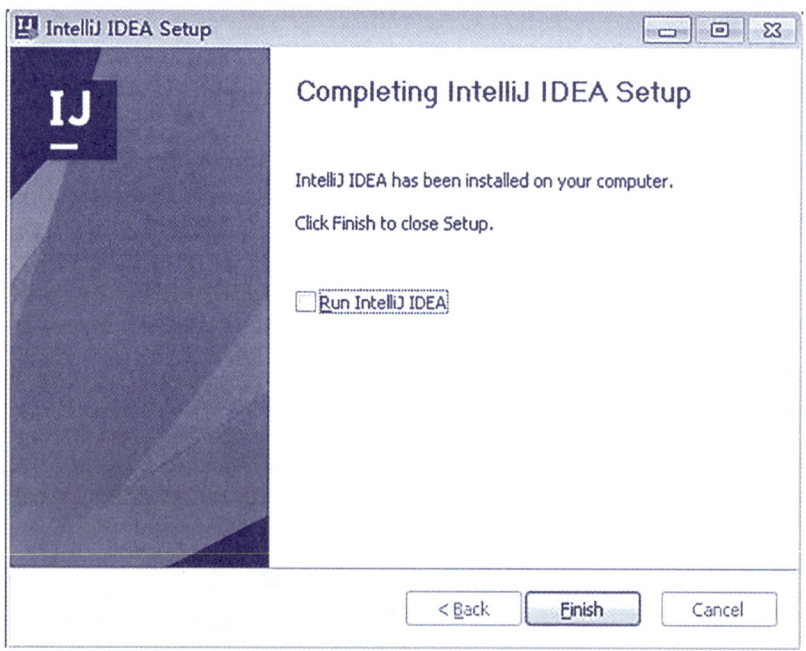

图 2-15　安装完成界面

2.5.3　安装 IntelliJ IDEA Scala 开发插件

IntelliJ IDEA 安装完成后还需安装相应的 Scala 开发插件,安装步骤如下。

步骤1:双击 IDEA 桌面图标,启动开发工具。如图 2-16 所示,保持默认,点击"OK"。

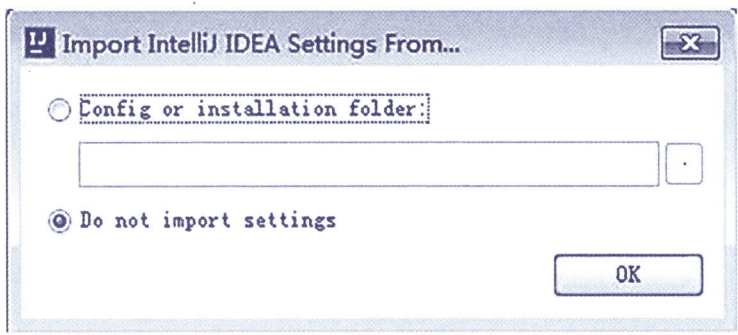

图 2-16　导入配置

步骤2:如图 2-17 所示,选择工具主题,此处选择"Light"。然后点击右下角的"Next:Default plugins"按钮。

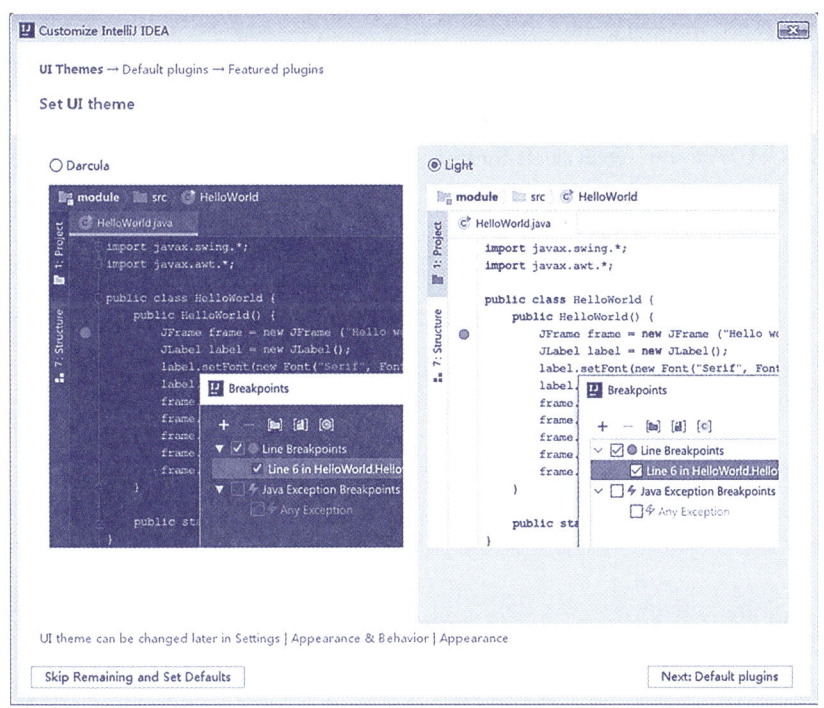

图 2-17　选择主题

步骤3:如图 2-18 所示,可以安装额外的组件。点击左下角的"Skip"按钮,即可跳过安装。

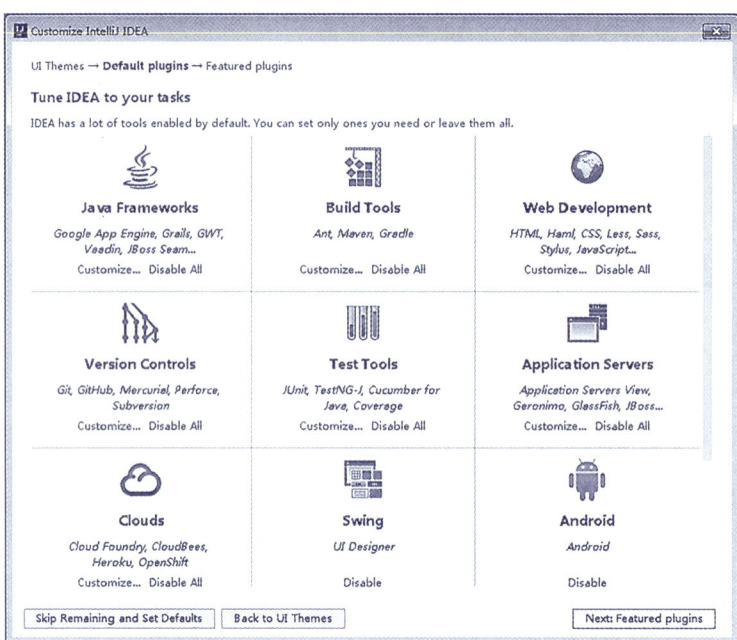

图 2-18 安装组件

步骤4:如图2-19所示,需要输入账户密码。可选择"Evaluate for free",选择评估版本。

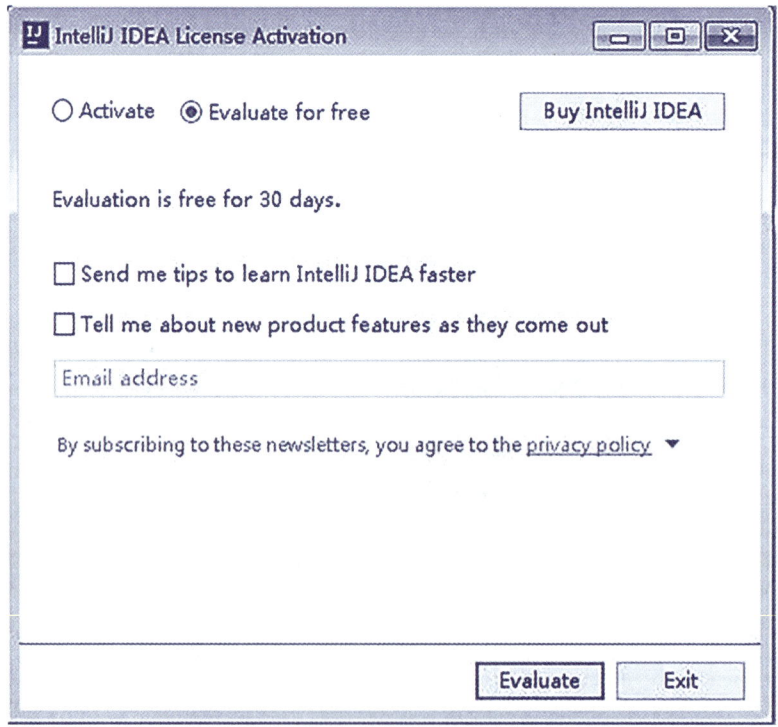

图 2-19 账户验证

步骤 5：点击图 2-19 中"Evaluate"按钮，进入启动界面，如图 2-20 所示。

图 2-20　启动界面

步骤 6：选择 Scala 插件，点击"Install"进行安装，如图 2-21 所示。

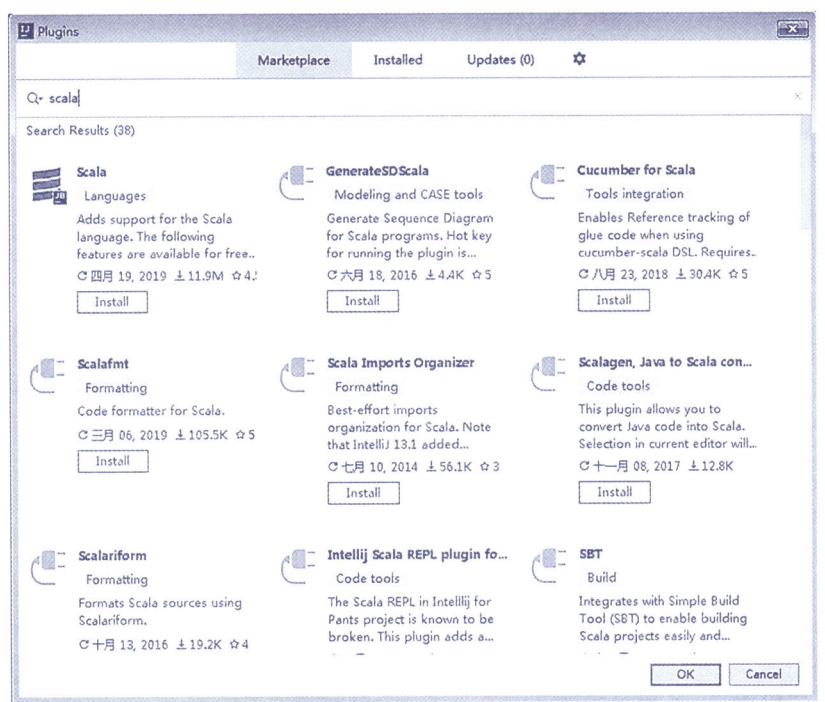

图 2-21　安装 Scala 插件

步骤 7：安装完毕后点击"Restart"，重启 IDEA，如图 2-22 所示。

39

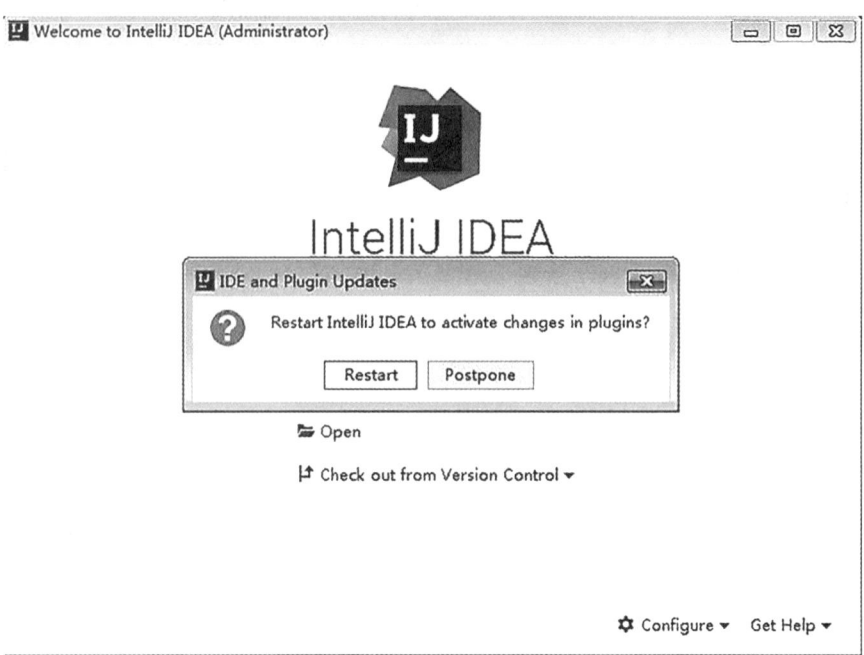

图 2-22　重启 IDEA

步骤 8：如图 2-23 所示，选择 Scala，创建 IDEA 项目。

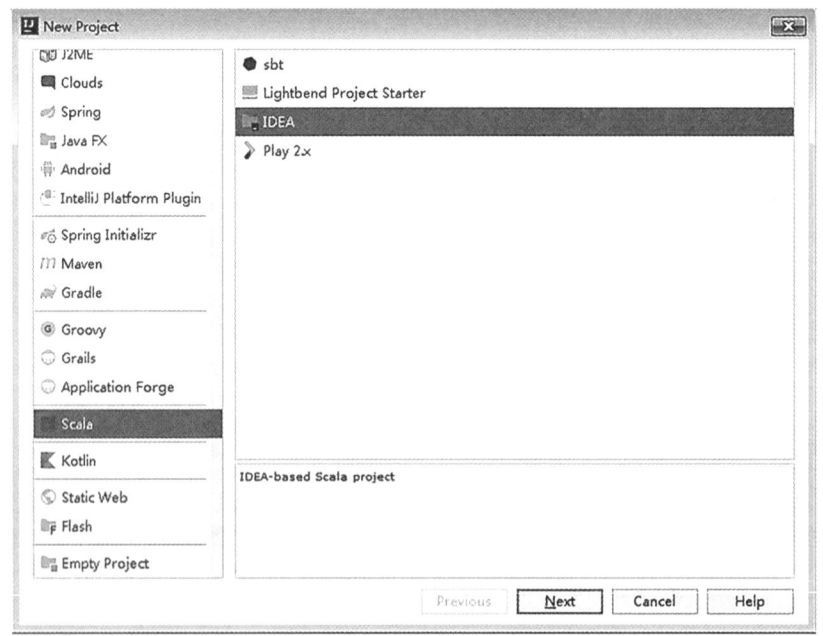

图 2-23　创建 Scala 项目

步骤 9：如图 2-24 所示，首先选择 JDK，然后在 Scala SDK 后面点击"Create"按钮，弹出对话框，此时 IDEA 会自动检测已经安装好的 Scala SDK。这里保持默认，然后点击"OK"。

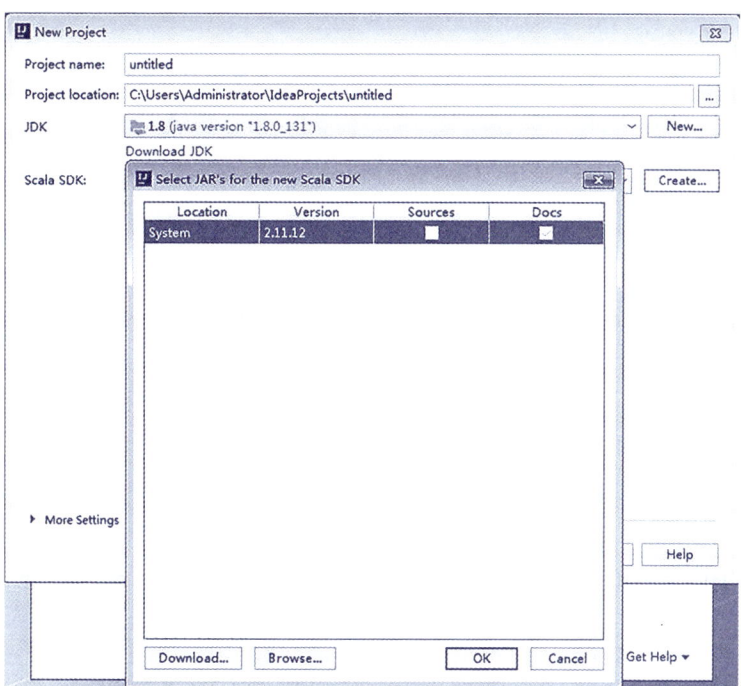

图 2-24　选择 SDK

步骤 10：如图 2-25 所示，配置完毕后点击"Finish"按钮。

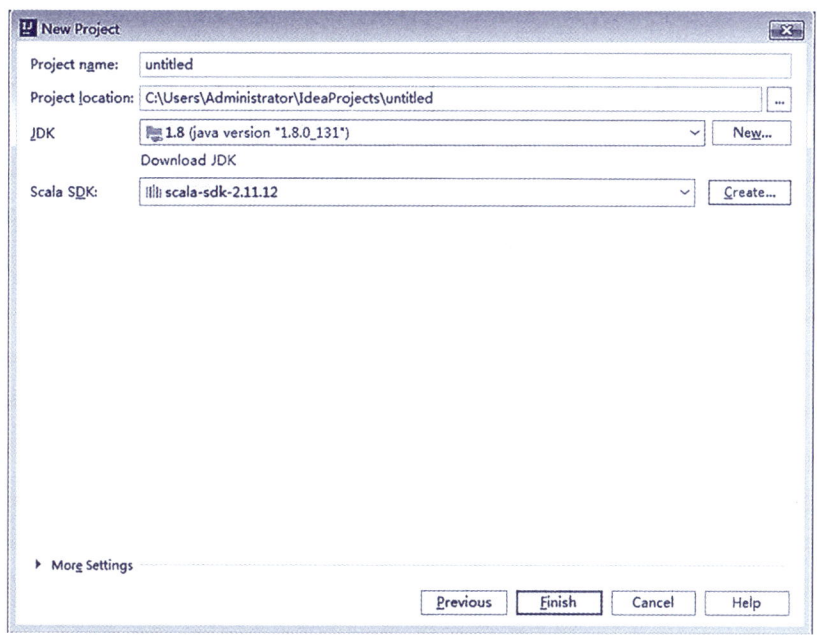

图 2-25　配置 JDK 和 SDK

步骤 11：如图 2-26 所示，点击"Close"，关闭欢迎窗口。

图 2-26　欢迎窗口

步骤 12：创建 Scala Class，如图 2-27 所示。

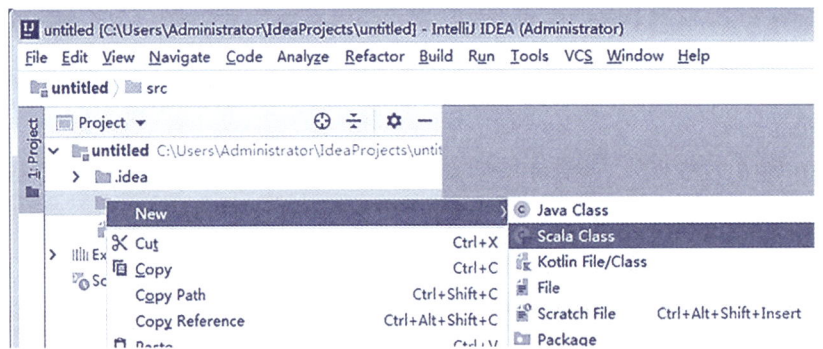

图 2-27　创建 Scala 类型

步骤 13：如图 2-28 所示，输入类名，并在 Kind 下拉框中选择"Object"，然后点击"OK"。

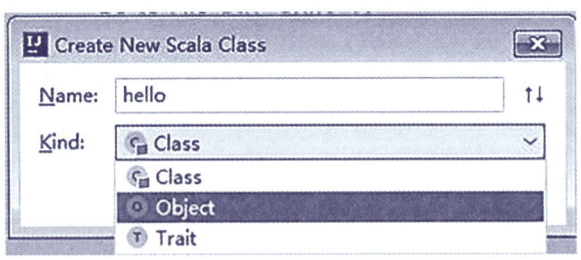

图 2-28　创建类

步骤 14：如图 2-29 所示，在编辑器中输入如下内容，单击右键后选择"Run 'hello'"，运行程序。

学习情境二 使用 Scala 统计平台数据

图 2-29 运行程序

运行结果如图 2-30 所示,在控制台输出 hello world。

```
C:\java\jdk1.8.0_131
hello world
```

图 2-30 输出 hello world

2.6 典型工作环节 6:学习 Scala 语言

2.6.1 Scala 编程基础

1. Scala 语言简介

Scala 是"Scalable Language"的简写,译为"可扩展的语言",它是一门多范式的编程语言。联邦理工学院洛桑的马丁·奥德斯基(Martin Odersky)于 2001 年基于 Funnel 语言开始设计 Scala。马丁·奥德斯基先前的工作内容是 Generic Java 和 javac(Sun Java 编译器)。

Java 平台的 Scala 于 2003 年年底、2004 年年初发布。.NET 平台的 Scala 发布于 2004 年 6 月。该语言第二个版本 v2.0,发布于 2006 年 3 月。Scala 的发展历史见表 2-1。

表 2-1　　　　　　　　　　　　Scala 的发展历史

时间	描述
2001 年	Scala 的设计在 EPFL 开始
2004 年初	Java 平台的 Scala 发布
2004 年 6 月	.NET 平台的 Scala 发布
2006 年 3 月	Scala 2.0 Java 版发布
2012 年	官方停止维护 Scala .NET 版
2014 年	Scala 2.11.2 发布
2019 年	Scala 2.13.0 发布

2. Scala 的特性

(1) 面向对象特性

Scala 是一种纯面向对象的语言,每个值都是对象。对象的数据类型以及行为由类和特质描述。

(2) 函数式编程

Scala 也是一种函数式语言,其函数也能当成值来使用,这一点又和 Python 类似。因此,可以说 Scala 集成了 Java 和 Python 的特性。Scala 提供了轻量级的语法,用以定义匿名函数,支持高阶函数,允许嵌套多层函数,并支持柯里化。

(3) 语言简洁优雅

Scala 几行代码就能完成 Java 一个很复杂的操作,就代码量而言,Scala 会少很多。

(4) 应用广泛

Spark 和 Kafka 都是使用 Scala 语言编写的,因此 Scala 广泛应用于大数据领域。

Scala 是一门脚本语言。开始学习 Scala 语言最简单的方法是使用 Scala REPL(Read,Eval,Print,Loop 的缩写)。像 Python 的解释器那样,在命令行输入一个表达式后回车,直接计算并输出表达式的值,如图 2-31 所示。Scala REPL 是一个运行 Scala 表达式和程序的交互式 Shell,在 Linux 系统中打开一个终端(组合键),输入 Scala 命令启动 Scala REPL。

如果一条语句需要占用多行,只需要以一个不能合法结尾的字符(比如未封闭的括号与引号中间的字符)结束,则 REPL 会自动在下一行以"|"开头,提示用户继续输入。

图 2-31　命令行编写 Scala

在解释器里编写程序,一次只能运行一行,如果运行多行则需要编写脚本文件,在 Linux

Shell 中用"scala 文件名"即可运行,或者在 Scala 解释器终端用":load 文件名"的形式执行。在 Scala SDK 安装完毕后,安装目录下有一个编译与解析的工具,通过该工具可以执行 Scala 脚本文件,如图 2-32 所示。

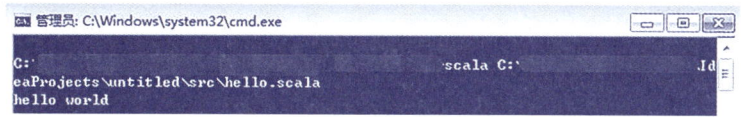

图 2-32　执行 Scala 脚本

编写程序时有以下注意事项。

(1) Scala 源文件以".scala"为扩展名;

(2) Scala 程序的执行入口是 main() 函数;

(3) Scala 语言严格区分大小写;

(4) Scala 方法由一条条语句构成,每个语句后不需要分号,加上也不错;

(5) 如果在同一行有多条语句,除了最后一条语句不需要分号,其他语句需要分号。

(6) 方法名称:所有的方法名称的第一个字母用小写。如果若干单词被用于构成方法的名称,则每个单词的第一个字母应大写。

示例:

```
def myMethodName()
```

(7) 程序文件名:程序文件的名称应该与对象名称完全匹配。

示例:假设"HelloWorld"是对象的名称。那么该文件应保存为"HelloWorld.scala"。

(8) main 函数:

```
def main(args:Array[String])
```

Scala 程序从 main() 方法开始处理,这是每一个 Scala 程序的强制程序入口部分。

(9) 函数返回值:Scala 方法返回值时,可以不用 return 字段,在函数代码块最后一行直接写上 value 就可以,编译器自动推断类型;若使用 return,返回值就必须明确写好是什么类型。

(10) 默认访问:默认情况下类、成员、方法都是公有的。

3. 单例对象 Singleton

在 Scala 中,使用 class 定义的 scala 对象,称为类。如果用 object 替换 class 关键字,那么这个就叫单例对象。代码如下:

```
object hello extends App{
    println("hello world")
}
```

Scala 对大小写敏感,这意味着标识 Hello World 和 hello world 在 Scala 中会有不同的含义。对于所有的类名的第一个字母要大写。如果需要使用几个单词来构成一个类的名称,每个单词的第一个字母要大写。

示例:

```
class MyFirstScalaClass
```

单例对象与类的区别有以下三点。

(1) 单例对象与类同名时,这个单例对象被称为这个类的伴生对象,而这个类被称为这个单例对象的伴生类。伴生类和伴生对象要在同一个源文件中定义,伴生对象和伴生类可以互相访问其私有成员。不与伴生类同名的单例对象称为孤立对象。

(2) 类和单例对象的一个差别是,单例对象是在第一次访问的时候初始化,不可以初始化,不能带参数,而类可以初始化,可以带参数。

(3) 使用伴生对象的主要目的:①可以编写独立运行的 Scala 程序;②模拟静态方法、静态类。

【例 2-1】 演示了类与单例对象的区别与联系

代码如下:

```
class TestScalaA {
  def show(): Unit = {
    println("这是 TestScalaA 伴生类")
    //伴生类可以访问伴生对象的私有方法
    TestScalaA.showA()
    TestScalaA.showB()
  }

  private def showA(): Unit = {
    println("这是 TestScalaA 伴生类 private 方法")
  }

  protected def showB(): Unit = {
    println("这是 TestScalaA 伴生类 protected 方法")
  }

}

object TestScalaA {
  def show(): Unit = {
    println("这是 TestScalaA 伴生对象")
    var a = new TestScalaA
    //    在伴生对象中,可以访问伴生类中的私有、保护、公有方法
    a.showA()
```

```
        a.showB( )
    }

    private def showA( ) : Unit = {


    }

    protected def showB( ) : Unit = {


    }
}

object TestScala extends App {
    var a = List(1, 2, 2)
    var c = new TestScalaA
    c.show( )
}
```

4. 可运行的 Scala 程序

要想编写能独立运行的 Scala 程序,就必须创建含有 main 方法的单例对象。main 方法将作为程序入口。

【例 2-2】 包含 main 函数的单例对象。

代码如下:

```
object ChecksumAccumulator {
    def main( args : Array[String] ) : Unit = {



    }
}
```

在【例 2-1】中,即使没有定义 main 函数,命令仍然能执行。那是因为 TestScala 继承自 App 对象。App 对象中已经包含 main 方法。

App 的定义如图 2-33 所示。

```
2  package scala
3  trait App extends scala.AnyRef with scala.DelayedInit {
4    @scala.deprecatedOverriding("executionStart should not be overridden", "2.11.0")
5    val executionStart : scala.Long = { /* compiled code */ }
6    @scala.deprecatedOverriding("args should not be overridden", "2.11.0")
7    protected def args : scala.Array[_root_.scala.Predef.String] = { /* compiled code */ }
8    @scala.deprecated("the delayedInit mechanism will disappear", "2.11.0")
9    override def delayedInit(body : => scala.Unit) : scala.Unit = { /* compiled code */ }
10   @scala.deprecatedOverriding("main should not be overridden", "2.11.0")
11   def main(args : scala.Array[_root_.scala.Predef.String]) : scala.Unit = { /* compiled code */ }
12  }
```

图 2-33 App 定义

2.6.2　Scala 基本语法

本节主要介绍 Scala 基础知识，包括标识符、关键字、基本数据类型、变量和常量、运算符和表达式等。

1. 标识符和关键字

Scala 对变量、方法、函数等命名时使用的字符序列称为标识符。其命名规则如下：

（1）Scala 中的标识符声明基本和 Java 一致，但是细节上会有所不同；
（2）首字符是字母，不能是数字，后续字符可以是字母、数字、美元符号或下划线；
（3）操作符标识符由一个或多个操作符字符组成；
（4）操作符（如+、-、*、/）不能在标识符中间和最后；
（5）用反引号包括的任意字符串，即使是关键字也可以。

定义的变量名不能与关键字重复。这里列出 Scala 的关键字，如表 2-2 所示。

表 2-2　关键字

名称	描述	名称	描述
abstract	创建抽象类	if	条件判断
def	定义函数	else	条件判断
false	布尔值	match	模式匹配
true	布尔值	override	覆盖
forSome	模糊的类型	return	返回
lazy	定义惰性变量	throw	抛出异常
object	创建单例对象	type	声明类型
protected	访问限制	with	创建复合类型
this	当前对象	class	定义类
final	防止派生类	extends	继承基类
import	导入	try	捕获异常
null	空值	catch	捕获异常
private	访问限制	finally	捕获异常后最终要执行的代码
super	调用父类成员	implicit	隐式转换
new	创建实例	yield	迭代器
package	包名称	case	判断选择
sealed	密封类	do	do...while 循环
trait	特质	while	循环
var	定义变量	for	循环
val	定义常量		

2. 基本数据类型

Scala 与 Java 是兼容的,因此 Scala 的数据类型与 Java 类似。表 2-3 列出了 Scala 主要的数据类型。

表 2-3　　　　　　　　　　　　　Scala 主要的数据类型

序号	类型名称	描述
1	Byte	字节
2	Short	16 位整数
3	Int	32 位整数
4	Long	64 位整数
5	Float	32 位单精度浮点数
6	Double	64 位双精度浮点数
7	Char	字符序列
8	String	字符串序列
9	Boolean	取值 true 或 false
10	Unit	无值,与 void 等效。在函数无返回值的使用 Unit 表示。Unit 只有一个值:( )
11	Null	空值
12	Nothing	Scala 类继承链的最底端,是所有类型的子类型
13	Any	Scala 类继承链的最顶端,是所有类型的父类型
14	AnyRef	AnyRef 类是所有引用类型的基类
15	AnyVal	AnyVal 类是所有值类型的基类

3. 变量和常量

Scala 有两种方式定义变量:val 与 var。val 创建的是只读类型的变量,称为常量,不可修改;var 定义的则是变量,可随处修改。

【例 2-3】　定义变量。

代码如下:

```
object TestScala extends App {
    val a = 5
    var b = 6
    a = 10 //出错
}
```

Scala 定义变量基本格式如下:

```
var 变量名称:变量类型=值
```

【例 2-4】　定义变量实例。

代码如下:

```scala
object TestScala extends App {
  // 岗位名称
  var job_name: String = "大数据开发工程师"
  var job_name1: String = "scala" +
    "开发工程师"
  // 工资
  var salary: Int = 8888
  // 个人所得税
  var tax: Float = 188.88f
  // 公积金
  var accumulation_fund = 388.88
  // 公司名称
  var company_name = null
  // 是否参加社保
  var is_buy_social_insurance = true
  // 学历要求
  var degree: Any = "专科"
  // 工作经验
  var work_experience: AnyVal = 5
  var work_experience1: AnyRef = "5 年以上"
  // 技能要求
  val skill1, skill2 = "大数据"
}
```

Scala 可以自动推断数据类型,在定义变量时可以不必指定数据基本类型。

【例 2-5】 输出 Scala 变量类型。

代码如下:

```scala
object TestScala extends App {
  val a = 5
  println("a 的类型是:"+a.getClass())
  var b = 6
  println("b 的类型是:"+b.getClass())
}
```

运行结果如图 2-34 所示。

a 的类型是:int
b 的类型是:int

图 2-34 输出类型

4. 运算符

（1）算术运算符

Scala 支持的算术运算符如表 2-4 所示。

表 2-4　　　　　　　　　　　　　算术运算符

序号	名称	描述
1	+	两个数据相加
2	-	两个数据相减
3	*	两个数据相乘
4	/	两个数据相除
5	%	两个数据取模

【例 2-6】　基本的算术运算。

代码如下：

```scala
object TestScala extends App {

    var a = 10
    var b = 15

    var c = a + b
    println("a+b=" + c)

    c = a - b
    println("a-b=" + c)

    c = a * b
    println("a*b=" + c)

    c = a / b
    println("a/b=" + c)

    c = a % b
    println("a%b=" + c)

}
```

运行结果如图 2-35 所示。

```
a+b=25
a-b=-5
a*b=150
a/b=0
a%b=10
```

图 2-35　输出运算结果

（2）比较运算符

Scala 支持的比较运算符如表 2-5 所示。

表 2-5　比较运算符

序号	名称	描述
1	>	大于
2	<	小于
3	>=	大于等于
4	<=	小于等于
5	==	等于
6	!=	不等于

【例 2-7】　比较运算符使用实例。

代码如下：

```
object TestScala extends App {

    var a = 10
    var b = 15


    var c = a > b
    println("a > b 计算结果:" + c)


    c = a < b
    println("a < b 计算结果:" + c)


    c = a >= b
    println("a >= b 计算结果:" + c)


    c = a <= b
    println("a <= b 计算结果:" + c)
```

```
c = a == b
println("a==b 计算结果:" + c)

c = a != b
println("a!=b 计算结果:" + c)
}
```

运行结果如图 2-36 所示,输出各比较运算方式的值。

```
a > b计算结果：false
a < b计算结果：true
a >= b计算结果：false
a <= b计算结果：true
a==b计算结果：false
a!=b计算结果：true
```

图 2-36　比较运算结果

（3）赋值运算符

Scala 支持的赋值运算符如表 2-6 所示。

表 2-6　赋值运算符

运算符名称	描述
=	赋值
+=	加等
-=	减等
*=	乘等
/=	除等
%=	模等

【例 2-8】　赋值运算符使用实例。

代码如下：

```
object TestScala extends App {

  var a = 10
  var b = 15
  var c = a + b
  println("经过 a + b 计算结果后 a 的值为:" + a)

  a += b
```

```
    println("经过 a += b 计算结果后 a 的值为:" + a)

    a -= b
    println("经过 a -= b 计算结果后 a 的值为:" + a)

    a *= b
    println("经过 a *= b 计算结果后 a 的值为:" + a)

    a /= b
    println("经过 a /= b 计算结果后 a 的值为:" + a)

    a %= b
    println("经过 a %= b 计算结果后 a 的值为:" + a)
}
```

运行结果如图 2-37 所示,输出各赋值运算方式的值。

经过a + b计算结果后a的值为:10
经过a += b计算结果后a的值为:25
经过a -= b计算结果后a的值为:10
经过a *= b计算结果后a的值为:150
经过a /= b计算结果后a的值为:10
经过a %= b计算结果后a的值为:10

图 2-37 赋值运算结果

(4) 位运算符

Scala 支持的位运算符如表 2-7 所示。

表 2-7   位运算符

运算符名称	描述
<<	左移动运算符,将每个二进制位往左移动,低位补 0
>>	右移动运算符,将每个二进制位往右移动,高位补 0
&	按位与运算,相同位上值为 1 结果就为 1,否则为 0
|	按位或运算,相同位上值其中一个为 1 结果就为 1,否则为 0
^	按位异或运算符,相同位上值不相同为 1,相同为 0
~	按位取反运算符,每个二进制位的值取反,1 就取 0,0 就取 1

【例 2-9】 位运算符使用实例。

代码如下:

```
object TestScala extends App {
    var a = 10
    var b = 15
    var c = a << 3
    println("a << 3=" + c)

    c = a >> 3
    println("a >> 3=" + c)

    c = a & b
    println("a & b=" + c)

    c = a | b
    println("a | b=" + c)

    c = a ^ b
    println("a ^ b=" + c)

    c = ~a
    println("~a=" + c)
}
```

运行结果如图 2-38 所示,输出各位运算方式的值。注意,<<与>>后面的数字表示按位移动的个数。

```
a << 3=80
a >> 3=1
a & b=10
a | b=15
a ^ b=5
~a=-11
```

图 2-38　位运算结果

（5）逻辑运算符

Scala 支持的逻辑运算符如表 2-8 所示。

表 2-8　　　　　　　　　　　　　　逻辑运算符

运算符名称	描述
and	与运算，多个条件同时为 True 则结果为 True
or	或运算，其中一个条件为 True 则结果为 True
not	对布尔值取反，not True 结果为 False，not False 结果为 True

【例 2-10】 逻辑运算符使用实例。

代码如下：

```
object TestScala extends App {

  var a = 10
  var b = 15

  if (a > 0 && b > 0) {
    println("a 和 b 两个变量都大于 0")
  }
  else {
    println("a 和 b 其中一个变量小于等于 0")
  }


  b = -20
  if (a >= 0 || b >= 0) {
    println("a 和 b 其中一个变量大于等于 0")
  }
  else {
    println("a 和 b 两个变量都小于 0")
  }


  val c = a - b
  println("c 的值为:" + c)
  if (!(c >= 0)) {
    println("c 小于等于 0")
  }
  else {
    println("c 大于 0")
  }

}
```

运行结果如图 2-39 所示。

> a和b两个变量都大于0
> a和b其中一个变量大于等于0
> c的值为：30
> c大于0

图 2-39　逻辑运算结果

5. 函数

Scala 定义函数比较复杂，有 8 种写法。直接使用 def 定义称为函数，使用 var 定义称为函数对象。

【例 2-11】　8 种函数定义与使用方式。

代码如下：

```scala
//定义类:职业分析
class JobAnalysis {

    // 函数名 (参数名:参数类型):
    // 不指定返回值类型;也不使用 return 语句返回值,默认情况下最后一行代码的值就是函数的返回值
    // 实例:定义一个增加工资的函数,参数是一个整形
    def increaseSalary(salary: Int) = {
        salary + 1000
    }


    // 函数名 (参数名:参数类型):返回值类型
    // 指定返回值类型;使用 return 语句返回值
    // 实例:定义一个增加工资的函数,参数和返回值是整型
    // 函数名相同,因此 Scala 支持函数重载
    def increaseSalary(base: Int, salary: Int): Int = {
        var sum: Int = 0
        sum = base + salary
        return sum
    }


    // 函数名 (参数名:参数类型):返回值类型
    // 在使用 return 返回数据的情况下,必须指定函数返回值类型
    // 实例:获取公司和岗位字符串
    def getJobInfo(companyName: String, jobName: String): String = {
```

```scala
        Retur n companyName + "-" + jobName
}


//   函数名（参数名:参数类型）：
// 在没有返回值的情况下,函数的返回值是 unit,表示空值
// 实例:发送邮件
def sendMail( ) = {
    println("Hello, Scala 大数据开发编程!")
}


//   函数对象名=（参数名:参数类型）=> {代码块}
//   这是定义的函数对象,只有一个参数
// 实例:降低成本函数
val costDown = ( cost: Int) = > {
  cost - 300.50
}


//   函数名称:参数类型=>返回值类型=参数名称=>{代码块}
//   其中,代码块只有一行代码时,花括号是可选的
// 实例:获取岗位要求
var showJobInfo: Int => String = args => "需要" + args + "年工作经验"


//   函数名称:(参数名称:参数类型,参数名称:参数类型)=>{代码块}
// 实例:获取职位级别
def getJobLevel = ( x: Int, y: Int) => {
    if ( x > y) "高级工程师" else "初级工程师"
}


//   显示定义函数对象,参数 返回值
//   函数名称:(参数类型,参数类型)=>返回值类型=(参数名称:参数类型,参数名称:参数类型)=>{代码块}
// 实例:获取总薪酬
def getAllSalary: (Int, Int) => String = ( base: Int, salary: Int) => {
    "总工资:" + base + salary
}
}


object TestScala extends App {
```

学习情境二　使用 Scala 统计平台数据

```
var a = new JobAnalysis
var result = a.increaseSalary(5000)
println("调用 increaseSalary 执行结果:" + result)
result = a.increaseSalary(5000, 2000)
println("调用 increaseSalary 重载函数执行结果:" + result)
val result1 = a.getJobInfo("微软技术公司", "大数据开发工程师")
println("调用 getJobInfo 执行结果:" + result1)
println()
val result2 = a.sendMail()
println("调用 sendMail 执行结果:" + result2)
println()
var result3 = a.costDown(5000)
println("调用 costDown 执行结果:" + result3)
var result4 = a.showJobInfo(5)
println("调用 costDown 执行结果:" + result4)
var result5 = a.getJobLevel(2, 1)
println("调用 getJobLevel 执行结果:" + result5)
var result6 = a.getAllSalary(4000, 7000)
println("调用 getAllSalary 执行结果:" + result6)
}
```

运行结果如图 2-40 所示。其中需要注意的是，调用 sendMail 函数，由于返回值是 unit，因此使用( )代替。调用 getAllSalary 方法输出结果是"总工资:40007000"，那是因为函数把数字 4000 和数字 7000 分别转换成了字符串再使用"+"运算符连接起来后输出。

```
调用increaseSalary执行结果：6000
调用increaseSalary重载函数执行结果：7000
调用getJobInfo执行结果：微软技术公司-大数据开发工程师

Hello, Scala大数据开发编程！
调用sendMail执行结果：()

调用costDown执行结果：4699.5
调用costDown执行结果：需要5年工作经验
调用getJobLevel执行结果：高级工程师
调用getAllSalary执行结果：总工资:40007000
```

图 2-40　函数调用结果

6. 控制结构

同各种高级语言一样，Scala 也包括顺序结构语句、选择结构语句和循环结构语句。其中选择结构的语句包括 if 语句，循环结构语句包括 while、foreach、for 循环。

（1）选择结构语句

① if...else 双分支语句

Scala 使用 if...else 语句来实现双分支，语法结构如下：

```
if(表达式){
    语句块 1
}
[else{
    语句块 2
}]
```

else 语句块是可选的，如果没有 else 语句块就是单分支结构语句。

② if...else if 多分支语句

Scala 使用 if...else if 语句来实现多分支，语法结构如下：

```
if(表达式){
    语句块 1
}
else if{
    语句块 2
}
...
else if{
    语句块 n
}
[else{
    语句块 n+1
}]
```

【例 2-12】 流程控制语句。

代码如下：

```
object TestScala extends App {
    val name = "微软技术有限公司"
    var result = ""
    if (name == "苹果公司")
        result = "提供视频开发工程师职位"
    else if (name == "微软技术有限公司"){
```

```
        result = "提供 AI 开发工程师职位"
    }
    else {
        result = "提供 AI 开发工程师职位"
    }
    print("判断结果:" + name + "    " + result)
}
```

运行结果如图 2-41 所示。

判断结果：微软技术有限公司　提供AI开发工程师职位

图 2-41　运行结果

与 Java 不同的是，Scala 中的 if 表达式会返回一个值，因此，可以将 if 表达式赋值给一个变量，这与 Java 中的三元操作符"?:"有些类似。

（2）循环语句

Scala 提供了三种形式的循环：while、foreach、for 循环。下面分别介绍三种循环的使用方式。

① while 循环

Scala 的 while 循环和 Java 的完全一样，只要表达式为真就执行循环语句。循环可以分为 3 部分：初始部分，循环体，循环条件。do-while 循环中循环体至少执行一次，while 循环的循环体有可能一次都不执行。

while 循环语法格式为

```
变量初始化
while（循环条件）{
    循环体
}
```

do-while 循环语法格式为

```
do{
    循环体

}while（循环条件）；
```

【例 2-13】　while 循环和 do-while 循环控制语句。

代码如下：

```
object TestScala extends App {

    var i = 0
    while (i < 3) {
```

```
            println("第一个循环内容循环变量值:" + i)
            i += 1
        }
        println("退出第一个循环")
        println()
        var j = 5
        do {
            println("第二个循环内容循环变量值:" + j)
            j += 1
        }
        while (j < 10)
        println("退出第二个循环")
    }
```

运行结果如图 2-42 所示。在第一个循环内,当变量 i 等于 3 时就退出循环,不再执行循环体内容,因此输出值为 0,1,2;do...while 循环,则是先执行 do 然后再执行 while 判断条件,因此会输出 5,6,7,8,9 共五个值。

```
第一个循环内容循环变量值: 0
第一个循环内容循环变量值: 1
第一个循环内容循环变量值: 2
退出第一个循环

第二个循环内容循环变量值: 5
第二个循环内容循环变量值: 6
第二个循环内容循环变量值: 7
第二个循环内容循环变量值: 8
第二个循环内容循环变量值: 9
退出第二个循环
```

图 2-42 运行结果

② foreach 循环

foreach 循环语法格式为

```
jh.foreach(arg=>println(arg))
```

jh 可以是集合、字符串数组、列表、元组等,arg 依次遍历 jh 中的每个元素,输出。

【例 2-14】 foreach 循环控制语句。

代码如下:

```
object TestScala extends App {

    val jobName: List[String] = List("大数据开发工程师", "Python 开发工程师", "Scala 开发工程师")
    //自动推断 x 的类型
    jobName.foreach( x => println(x) )
    println( )
    //显示设置类型
    jobName.foreach( ( x: String ) = > println( x ) )
}
```

运行结果如图 2-43 所示。这里,foreach 循环可以给循环变量显示指定类型,也可以不必指定,编译器会自行推断变量类型。

```
大数据开发工程师
Python开发工程师
Scala开发工程师

大数据开发工程师
Python开发工程师
Scala开发工程师
```

图 2-43　运行结果

③ for 循环

for 循环用于编写一个执行指定次数的循环控制结构,for 循环的循环变量会迭代所有集合的元素执行循环体。

for 循环语法格式如下:

```
for( var 循环变量 <- 集合 ){
    循环体
}
```

【例 2-15】　for 循环控制语句。

代码如下:

```
object TestScala extends App {

    val jobNames: List[String] = List("大数据开发工程师", "Python 开发工程师", "Scala 开发工程师")
    println("1.输出列表中元素的值:")
    for ( item <- jobNames ) {
        println( item )
```

```
    }

    println("-----------------------")
    println("2.输出列表中满足条件的元素的值:")
    for (i <- jobNames if i == "Scala 开发工程师") {
      println(i)
    }

    println("-----------------------")
    println("3.这是在循环语句中添加条件语句的等价写法:")
    for (i <- jobNames) {
      if (i == "Scala 开发工程师") {
        println(i)
      }
    }

    println("-----------------------")
    println("4.循环一个范围在 1 to 4 数字列表")
    for (i <- 1 to 4) {
      println(i)
    }

    println("-----------------------")
    println("5.循环一个范围在 1 to 4 数字列表,不包含结束边界")
    for (i <- 1 until 4) {
      println(i)
    }

    println("-----------------------")
    println("6.循环一个范围在 1 to 10 数字列表,并输出列表中值大于 7 的元素")
    for (i <- 1 to 10 if i > 7) {
      println(i)
    }

    println("-----------------------")
    println("7. 在一个循环语句中使用多个条件语句,中间使用逗号隔开")
    for (i <- 1 to 10 if i > 3; if i % 2 == 0) {
      println(i)
    }
  }
}
```

运行结果如图 2-44 所示。

```
1. 输出列表中元素的值：
大数据开发工程师
Python开发工程师
Scala开发工程师
-------------------------
2. 输出列表中满足条件的元素的值：
Scala开发工程师
-------------------------
3. 这是在循环语句中添加条件语句的等价写法：
Scala开发工程师
-------------------------
4. 循环一个范围在 1 to 4 数字列表
1
2
3
4
-------------------------
5. 循环一个范围在 1 to 4 数字列表，不包含结束边界
1
2
3
-------------------------
6. 循环一个范围在 1 to 10 数字列表，并输出列表中值大于7的元素
8
9
10
-------------------------
7. 在一个循环语句中使用多个条件语句，中间使用逗号隔开
4
6
8
10
```

图 2-44　运行结果

Scala 的 for 循环与其他编程语言相比有明显特点，包括

for（item <- jobNames）：使用<-给循环变量赋值。

for（i <- jobNames if i == "Scala 开发工程师"）：在循环语句中加入条件语句。

for（i <- 1 to 4）：循环一个列表。

for（i <- 1 until 4）：循环一个列表不包含结束边界。

for（i <- 1 to 10 if i > 7）：在 to 语句后面添加条件语句。

for（i <- 1 to 10 if i > 3；if i % 2 == 0）：同时使用多个条件语句。

7. 匹配表达式

Scala 提供了两种形式的匹配：一个有返回值，另一个没有。模式匹配，就是使用关键词 match...case 组合实现"选择"逻辑功能。

（1）无返回值的 match...case

代码如例 2-16 所示。

【例 2-16】 无返回值的 match...case 语句。

代码如下：

```
object TestScala extends App {

  def getJobName(jobName: String) = {
    var result = ""
    jobName match {
      case "大数据开发工程师" => {
        result = "当前职位名称是:大数据开发工程师"
      }
      case "Python 开发工程师" => {
        result = "当前职位名称是:Python 开发工程师"
      }
      case "Scala 开发工程师" => {
        result = "当前职位名称是:Scala 开发工程师"
      }
      case _ => {
        result = "未找到满足条件的项"
      }
    }
    result
  }

  val jobNames: List[String] = List("大数据开发工程师", "Python 开发工程师", "Scala 开发工程师")

  println("传递空字符串")
  var result = getJobName("")
  println(result)
  println()
  println("传递列表中的元素")
```

```
    result = getJobName("Python 开发工程师")
    println(result)
}
```

其中,getJobName 是一个函数,接受一个字符串参数 jobName。case 关键词是在比较传入参数和对应字符串是否相等,相等就执行对应的代码块。

```
jobName match ...case
  case "大数据开发工程师" => {
        result = "当前职位名称是:大数据开发工程师"
    }
```

这一语句的含义是:如果 jobName 等于" Python 开发工程师"就执行这段代码块。

```
case "Python 开发工程师" => {
        result = "当前职位名称是:Python 开发工程师"
    }
```

这一语句的含义是:如果 jobName 等于"大数据开发工程师"就执行这段代码块。

例 2-16 运行结果如图 2-45 所示。

传递空字符串
未找到满足条件的项

传递列表中的元素
当前职位名称是：Python开发工程师

图 2-45　运行结果

(2) 有返回值的 match...case

代码如例 2-17 所示。

【例 2-17】　有返回值的 match...case 语句。

代码如下:

```
object TestScala extends App {

    def getJobName(jobName: String) = {

        // match 可以返回值
        val result = jobName match {
            case "大数据开发工程师" => {
                "当前职位名称是:大数据开发工程师"
            }
```

```
        case "Python 开发工程师" => {
          "当前职位名称是:Python 开发工程师"
        }
        case "Scala 开发工程师" => "当前职位名称是:Scala 开发工程师"
        case _ => "未找到满足条件的项"
      }
      result
    }

    val jobNames: List[String] = List("大数据开发工程师", "Python 开发工程师", "Scala 开发工程师")

    println("传递空字符串")
    var result = getJobName("")
    println(result)
    println()
    println("传递列表中的元素")
    result = getJobName("Python 开发工程师")
    println(result)

  }
```

运行结果如图 2-46 所示。

传递空字符串
未找到满足条件的项

传递列表中的元素
当前职位名称是：Python开发工程师

图 2-46 运行结果

程序中语句：

```
val result = jobName match
```

其中，result 对象就是 match 的返回值。

8. 异常处理

Scala 使用 try...catch 来捕获异常。在 Scala 中，包含非常多的异常类，比如 FileNotFoundException、IOException。所有的异常类型的基类是 Exception。使用 throw 关键词可以手动抛出异常。

【例 2-18】 捕获文件读取异常。

代码如下:

```scala
import java.io.{FileNotFoundException, FileReader}

object TestScala extends App {

  try {
    val file = new FileReader("input.txt")
  }
  catch {
    case ex: FileNotFoundException => {
      println("匹配 FileNotFoundException 类:" + ex)
    }
    case ex: Exception => {
      println("匹配 Exception 类:" + ex)
    }
  }
  finally {
    println("调用 finally 子句")
  }
}
```

运行结果如图 2-47 所示。

```
匹配 FileNotFoundException 类:java.io.FileNotFoundException: input.txt (系统找不到指定的文件。)
调用 finally 子句
```

图 2-47 运行结果

其中如下语句是读取一个文件"input.txt",由于该文件不存在,因此会在 new FileReader 对象的过程中触发 FileNotFoundException 异常。

```scala
val file = new FileReader("input.txt")
```

catch 语句能根据异常类型来进行捕获,如下程序就能捕获到 FileNotFoundException 异常,然后执行对应的代码块。由于 Exception 是所有异常的基类,若在 catch 语句中,case ex: Exception 写在其他异常类前面,那么其他异常类都不会被处理。

```scala
case ex: FileNotFoundException
```

另外,case 语句后面可以接受代码块,也可以接受一个函数。

finally 语句是 try...catch 执行完毕后执行的语句。finally 语句一般用途是在业务逻辑执行完毕后进行释放资源等扫尾工作。

【例 2-19】 调整 case 顺序并将代码块改为函数。

代码如下：

```scala
import java.io.{FileNotFoundException, FileReader}

object TestScala extends App {

  def showErrorMsg(msg: Exception): Unit = {
    System.out.println("调用 showErrorMsg 函数。错误信息:" + msg.getMessage())
  }
  try {
    val file = new FileReader("input.txt")
  }
  catch {
    case ex: Exception => showErrorMsg(ex)
    case ex: FileNotFoundException => {
      println("匹配 FileNotFoundException 类:" + ex)
    }
  }
  finally {
    println("调用  finally  子句")
  }

}
```

运行结果如图 2-48 所示。

```
调用showErrorMsg函数。错误信息：input.txt（系统找不到指定的文件。）
调用  finally  子句
```

图 2-48 运行结果

明显，Scala 系统自带的异常类型是无法满足所有应用场景的，因此 Scala 支持自定义异常。手动抛出异常，需要使用 throw new 异常类型()。

【例 2-20】 自定义异常。

代码如下：

```scala
import java.io.FileNotFoundException

class MyException(errMsg: String) extends Exception(errMsg) {}
```

```
//薪资管理类
class SalaryManager {
  @throws(classOf[MyException])
  def checkData(salary: Int) {
    if (salary < 3000 || salary >= 5000) {
      throw new MyException("薪资范围只能在 3000—5000")
    } else {
      println("当前输入是:" + salary)
    }
  }
}
object TestScala extends App {
  try {
    var salaryManager = new SalaryManager()
    salaryManager.checkData(2000)
  }
  catch {
    case ex: MyException => {
      println("匹配 MyException 类:" + ex)
    }
    case ex: FileNotFoundException => {
      println("匹配 FileNotFoundException 类:" + ex)
    }
  }
  finally {
    println("调用 finally 子句")
  }
}
```

运行结果如图 2-49 所示。

```
匹配 MyException 类：MyException: 薪资范围只能在3000-5000
调用 finally 子句
```

图 2-49 运行结果

2.6.3 Scala 面向对象编程基础

Scala 是面向对象的语言,尽管在具体的数据处理部分,函数式编程在 Scala 中已成为首选方案,但在上层架构上,仍然需要采用面向对象的模型。本节将对面向对象编程的基础知识进行较为详细的介绍。

1. 类

面向对象是一种软件或程序的设计方法,将事物进行归类,在程序中使用"类"来表达;每一"类"事物中的一"个",程序中使用"new 类名"来进行创建,得到的对象称为实例;一类事物具有的特征,称为字段或属性;一类事物具有的行为,称为该类的方法。

【例 2-21】 设计一个职位管理类。

代码如下:

```
//定义类
class JobManager {

    private val jobNames: List[String] = List("大数据开发工程师","Python 开发工程师","Scala 开发工程师")
    private var jobNamesExtend: List[String] = List()

    override def toString: String = {
        return "当前剩余职位是:" + this.jobNamesExtend
    }

    def addJob(name: String) = {
        this.jobNamesExtend = this.jobNames :+ name
        println(this.toString())
    }

    def removeJob(name: String) = {
        this.jobNamesExtend = this.jobNamesExtend.filter(c => c ! = name)
        println(this.toString())
    }
}

object TestScala extends App {

    var jm = new JobManager
    jm.addJob("C++开发工程师")
    jm.removeJob("Python 开发工程师")
}
```

运行结果如图 2-50 所示。

当前剩余职位是：List(大数据开发工程师, Python开发工程师, Scala开发工程师, C++开发工程师)
当前剩余职位是：List(大数据开发工程师, Scala开发工程师, C++开发工程师)

图 2-50 运行结果

其中 private 修饰的成员是私有成员，只能在类的内部进行访问，内部使用 this. 私有成员名形式进行访问，this 代指当前调用该方法的对象；没加修饰的是公开的成员，通过 new 关键词创建的实例进行访问。

2. 构造函数

当在创建一个类实例的过程中，会自动调用构造函数，构造函数是为创建实例时需要做的准备工作。

【例 2-22】 设计一个带有构造函数的职位管理类。

代码如下：

```scala
class JobMamager(jobName: String, company: String) {
  require(jobName.contains("工程师") && company.contains("公司"))

  println("jobName:" + jobName + "\tcompany:" + company)

  def this(jobName: String) = this(jobName, "微软技术公司")
}


object TestScala extends App {

  var jm = new JobMamager("Python 开发工程师", "思科系统公司")

  var jm1 = new JobMamager("Python 开发工程师 1", "思科系统公司 1")

  var jm2 = new JobMamager("Python 开发工程师")
}
```

其中，JobMamager 是一个类。jobName，company 称为类参数。

Scala 编译器会收集这两个类参数，并创建一个带【同样的两个参数】的主构造函数：primary constructor。Scala 编译器将把你放在类内部的任何不是字段的部分或者方法定义的代码，编译进主构造器。

代码中 require 是用来检查先决条件的函数，在程序中的含义是：jobName 与 company 必须包含"工程师"与"公司"字符，println 函数是在每次创建一个新的 JobMamager 实例时打印一条信息。

Spark 大数据开发

根据上文的描述,Scala 编译器会将 require 与 println 放在 JobMamager 的主构造器。因此在每次创建 JobMamager 实例时,都会执行条件检查和输出内容。

运行结果如图 2-51 所示。

```
jobName: Python开发工程师    company: 思科系统公司
jobName: Python开发工程师1   company: 思科系统公司1
jobName: Python开发工程师    company: 微软技术公司
```

图 2-51 运行结果

3. 作用域

在使用 Scala 开发编程时,一定要注意变量、方法、类的作用域。

【例 2-23】 作用域说明。

代码如下:

```scala
object TestScala extends App {
  //    jobNames 变量可以在整个 TestScala 对象内访问
  val jobNames: List[String] = List("大数据开发工程师", "Python 开发工程师", "Scala 开发工程师")

  def showData() {

    //    jobName 变量可以在整个 showData 方法内访问
    var jobName = "大数据开发工程师"
    var jobName1 = "Python 开发工程师"

    def showData1(): Unit = {
      print(jobName)
      var jobName1 = "Scala 开发工程师"

      def showData2(): Unit = {
        //只能在 showData2 范围内访问
        var companyName = "苹果公司"
        print(companyName)
      }
    }
  }
}
```

其中：

jobName 变量,可以在 showData 与 showData1 内访问；

showData 和 showData1 内有同名变量 jobName1,因此在 showData1 方法访问 jobName1, 得到的是"Scala 开发工程师",showData 内的变量将被覆盖；

companyName 是在 showData1 内定义的,因此只能在 showData1 内访问；

jobNames 是在 object 层级定义的,因此对于 TestScala 内的所有方法,都可以访问到该变量。

4. 抽象类

在类里面,没有函数体的叫作抽象方法。抽象方法必须定义在抽象类中。抽象类不能进行实例化,即不能使用 new 关键字创建实例。同时,在子类必须要重写父类的抽象方法,否则子类就需要被定义成抽象类。

【例 2-24】 实现抽象类。

代码如下：

```
abstract class JobMamager {
    // 一个没有代码块的方法,称为抽象方法
    // 初始化职位名称数组
    def initJobNames: Array[String]

    //  def 函数名后面没(),称为无参数 函数
    //  获取职位个数
    def getJobCount: Int = this.initJobNames.length

    // 带有返回值的抽象方法
    // 获取职位的格式化输出
    def getFormatStr(): String
}

//创建一个子类,在构造函数中传入数据,去重写父类
class SubJobMamager(data: Array[String]) extends JobMamager {
    override def initJobNames: Array[String] = data

    override def getFormatStr(): String = {
        val strB = new StringBuilder
        for (i <- this.initJobNames) {
            strB.append("职位名称:" + i + "\n")
        }
        return strB.toString()
```

```scala
    }
  }

object TestScala extends App {

  var tmpList = List("Python 开发工程师", "大数据开发工程师", "视频开发工程师").toArray
  val sub = new SubJobMamager(tmpList)
  println("职位个数:" + sub.getJobCount)
  println()
  for (i <- sub.initJobNames) {
    println("职位名称:" + i)
  }
  println()


  println(sub.getFormatStr)


}
```

运行结果如图 2-52 所示。

职位个数：3

职位名称：Python开发工程师
职位名称：大数据开发工程师
职位名称：视频开发工程师

职位名称：Python开发工程师
职位名称：大数据开发工程师
职位名称：视频开发工程师

图 2-52 运行结果

抽象方法可以被覆盖,字段也可以被覆盖。

【例 2-25】 覆盖字段。

代码如下：

```
abstract class JobMamager {
  def jobNames: Array[String]
  def jobCount: Int
}

//通过构造函数(类参数来重写父类方法)
class SubJobMamager(
                    data: Array[String],
                    override val jobCount: Int
                  ) extends JobMamager {
  def jobNames = data
}

object TestScala extends App {
  var tmpList = List("Python开发工程师", "大数据开发工程师", "视频开发工程师").toArray
  val sub = new SubJobMamager(tmpList, 3)
  println("职位个数:" + sub.jobCount)
  for (i <- sub.jobNames) {
    println("职位名称:" + i)
  }
}
```

运行结果如图 2-53 所示。

职位个数：3
职位名称：Python开发工程师
职位名称：大数据开发工程师
职位名称：视频开发工程师

图 2-53　运行结果

2.6.4　Scala 常用的数据结构

1. 列表

Scala 列表类似于数组,它们所有元素的类型都相同,但是列表和数组也有所不同:列表是不可变的,值一旦被定义就不能修改。

【例 2-26】　创建不同类型的列表。

代码如下:

```scala
object TestScala extends App {
  //   创建空列表
  val empty1 = List()
  //   空列表默认就是 List[NOTHING]
  val empty2: List[Nothing] = List()

  //   创建字符串列表
  val jobNames: List[String] = List("大数据开发工程师", "Python 开发工程师", "Scala 开发工程师")
  //   创建数字类型的列表
  val nums = List(1, 2, 3, 4)
  //创建嵌套的列表
  val matrix =
    List(
      List(1, 0, 0),
      List(0, 1, 0),
      List(0, 0, 1)
    )
}
```

(1) 列表模式匹配

列表模式匹配是指等号左边与右边的个数相等,右边列表的数据就会逐个赋值到左边。

【例 2-27】 列表模式匹配。

代码如下:

```scala
object TestScala extends App {

  val jobNames: List[String] = List("大数据开发工程师", "Python 开发工程师", "Scala 开发工程师")
  val List(a, b, c) = jobNames
  println(a)
  println(b)
  println(c)
}
```

运行结果如图 2-54 所示。

大数据开发工程师
Python开发工程师
Scala开发工程师

图 2-54　运行结果

（2）列表基本操作

列表对象有几个基本属性：head，tail，isEmpty 等，用于对列表进行访问。

在现有列表上进行扩展，需要使用 Nil 和::（发音：cons）。其中 Nil 也可以表示为一个空列表；::表示从列表前端扩展。

【例 2-28】 元素匹配。

代码如下：

```
object TestScala extends App {

    // 字符串列表
    println("字符串列表 jobNames：")
    val jobNames：List[String] = List("大数据开发工程师","Python 开发工程师","Scala 开发工程师","C++开发工程师")
    println("\t 获取列表长度 ：" +jobNames.length)
    println("\t 查看列表 jobNames 是否为空 ：" + jobNames.isEmpty)
    println("\t 第一元素是 ：" + jobNames.head)
    println("\t 获取最后一个 ：" + jobNames.tail)
    println("\t 获取最后一个 ：" +jobNames.last)
    println("\t 获取非最后一个 ：" +jobNames.init)
    println("\t 获取索引值 ：" +jobNames.indices)
    println("\t 获取第 3 个元素 ：" +jobNames(3))
    println("\t 列表倒排 ：" +jobNames.reverse)
    println("\t 获取前两个 ：" +(jobNames take 2))
    println("\t 删除前两个 ：" +(jobNames drop 2))
    println("获取前两个，然后删除前两个，把这两个结果合在一起作为一个新的列表：")
    println(jobNames splitAt 2)

    println()

    println("空列表：Nil")
    val empty = Nil
    println("\t 查看 nums 是否为空 ：" + empty.isEmpty)
    println()

    val jobNames1 = "大数据开发工程师" :: ("Python 开发工程师" :: ("Scala 开发工程师" :: Nil))
    println("\t 字符串列表 jobNames1：")
    println(jobNames1)
```

```
    println()

    println("使用数字拼接成列表:")
    val numerical = (1 :: (0 :: (0 :: Nil))) ::
      (0 :: (1 :: (0 :: Nil))) ::
      (0 :: (0 :: (1 :: Nil))) :: Nil
    println(numerical)
    println()

    println("列表拼接满足右结合规则:")
    val numerical1 = 1 :: (2 :: (3 :: (4 :: Nil)))
    println("\t数字列表1:" + numerical1)
    val numerical2 = 1 :: 2 :: 3 :: 4 :: Nil
    println("\t数字列表2:" + numerical2)
```

运行结果如图 2-55 所示。

```
字符串列表jobNames:
    获取列表长度 : 4
    查看列表 jobNames 是否为空 : false
    第一元素是 : 大数据开发工程师
    获取最后一个 : List(Python开发工程师, Scala开发工程师, C++开发工程师)
    获取最后一个 : C++开发工程师
    获取非最后一个 : List(大数据开发工程师, Python开发工程师, Scala开发工程师)
    获取索引值 : Range 0 until 4
    获取第3个元素 : C++开发工程师
    列表倒排 : List(C++开发工程师, Scala开发工程师, Python开发工程师, 大数据开发工程师)
    获取前两个 : List(大数据开发工程师, Python开发工程师)
    删除前两个 : List(Scala开发工程师, C++开发工程师)
获取前两个,然后删除前两个,把这两个结果合在一起作为一个新的列表:
(List(大数据开发工程师, Python开发工程师),List(Scala开发工程师, C++开发工程师))
空列表: Nil
    查看 nums 是否为空 : true

    字符串列表jobNames1:
List(大数据开发工程师, Python开发工程师, Scala开发工程师)

使用数字拼接成列表:
List(List(1, 0, 0), List(0, 1, 0), List(0, 0, 1))

列表拼接满足右结合规则:
    数字列表1: List(1, 2, 3, 4)
    数字列表2: List(1, 2, 3, 4)
```

图 2-55 运行结果

（3）列表类的一阶方法

列表对象包含很多方法，在列表对象上调用这些方法能返回新的对象。这些简单的方法称为一阶方法。

【例 2-29】 一阶方法。

代码如下：

```scala
object TestScala extends App {

    println("使用 ::: 拼接列表:")
    var a = List(1, 2, 2) ::: List(3, 4, 5)
    a = List() ::: List(1, 2, 3)
    a = List(1, 2, 3) ::: List(4)
    println(a)

    var b = List(3, 4, 5)
    var c = List(1, 2, 2)
    println()
    println("啮合列表:")
    var d = c zip b
    println("\t 啮合后的列表:" + d)
    println("\t 元素索引:" + d.zipWithIndex)
    print("\t 取消啮合:" + d.unzip)

    println()
    println("列表转为字符串:")
    println("\t 将列表转为字符串输出:" + c.toString)
    var e = c mkString("[", ";", "]")
    println("\t 调用 mkString 方法,将列表转为字符串输出:" + e)
    var buf = new StringBuilder
    var f = c addString(buf, "(", ";", ")")
    println("\t 调用 StringBuilder 对象,将列表转为字符串输出:" + e)

    println()
    println("数组与列表互转:")
    var g = List(1, 2, 2)
    var h = List(3, 4, 5)
    var g_array = g.toArray
    var h_list = e.toList
    println("\t 调用 toArray 将列表转为数组:" + g_array)
    println("\t 调用 toList 将数组转为列表:" + h_list)
```

```
println( )
println("复制数组:")
//    复制数组
var arr = new Array[Int](10)
a copyToArray(arr)
var arr_str = arr mkString("[",";","]")
println("\t将数组 a 复制到数组 arr 中:" + arr_str)

//    3 表示从 arr2 第几个位置开始复制
var arr2 = new Array[Int](10)
a copyToArray(arr2, 3)
println("\t从指定位置开始复制:" + arr2.toList)
```

运行结果如图 2-56 所示。

  使用 ::: 拼接列表:
  List(1, 2, 3, 4)

 啮合列表:
  啮合后的列表: List((1,3), (2,4), (2,5))
  元素索引: List(((1,3),0), ((2,4),1), ((2,5),2))
  取消啮合: (List(1, 2, 2),List(3, 4, 5))
 列表转为字符串:
  将列表转为字符串输出: List(1, 2, 2)
  调用mkString方法,将列表转为字符串输出: [1;2;2]
  调用StringBuilder对象,将列表转为字符串输出: [1;2;2]

 数组与列表互转:
  调用toArray将列表转为数组: [I@617c74e5
  调用toList将数组转为列表: List([, 1, ;, 2, ;, 2,])

 复制数组:
  将数组a复制到数组arr中: [1;2;3;4;0;0;0;0;0;0]
  从指定位置开始复制: List(0, 0, 0, 1, 2, 3, 4, 0, 0, 0)

图 2-56 运行结果

(4) 列表类的高阶方法

Scala 是函数式编程,这点在集合操作中大量体现。高阶函数是能够接收另外一个函数作为参数的函数。此处介绍三种。

映射函数(map):在 Scala 中通过 map 映射操作将集合中的某一个元素通过指定函数运算映射成新的集合,就是所谓的将函数作为参数传递给另外一个函数。

扁平化(flatMap):将集合中的每个元素的子元素映射到某个函数并返回新的集合。

过滤(filter):将符合要求的数据(筛选)放置到新的集合中。

【例 2-30】 调用 map 方法进行映射。

代码如下:

```scala
object TestScala extends App {

    println("数字列表:")
    var data1 = List(1, 2, 3) map (_ + 1)
    println("\t 列表中每个元组+1:" + data1)
    println()


    println("字符串列表:")
    val jobNames: List[String] = List("大数据开发工程师", "Python 开发工程师", "Scala 开发工程师")
    print("\t 计算列表每个元组的长度:")
    println(jobNames map (_.length))
    print("\t 列表每个元组反向输出:")
    println(jobNames map (_.toList.reverse.mkString))
    print("\t 列表每个元组转为列表对象:")
    println(jobNames map (_.toList))
    print("\t 列表每个元组转为列表对象,然后合并成一个列表:")
    println(jobNames flatMap (_.toList))
    println()
    println("调用 range 按范围创建列表:")
    var g = List.range(1, 5)
    var f = g flatMap (i => List.range(1, i) map (j => (i, j)))
    println("\t" + f)
}
```

运行结果如图 2-57 所示。

【例 2-31】 演示如何对列表求和、过滤。

代码如下:

数字列表：
    列表中每个元组+1：List(2, 3, 4)

字符串列表：
    计算列表每个元组的长度：List(8)
    列表每个元组反向输出：List(师程工发开据数大)
    列表每个元组转为列表对象：List(List(大，数，据，开，发，工，程，师))
    列表每个元组转为列表对象，然后合并成一个列表：List(大，数，据，开，发，工，程，师)

调用range按范围创建列表：
    List((2,1), (3,1), (3,2), (4,1), (4,2), (4,3))

图 2-57　运行结果

```scala
object TestScala extends App {

    println("调用 foreach 遍历列表:")
    var sum = 0
    List(1, 2, 3, 4, 5) foreach (sum += _)
    println("\t列表求和:" + sum)
    println()


    println("调用 filter 过滤元素:")
    var filter_data = List(1, 2, 3, 4, 5) filter (_ % 2 == 0)
    println("\t过滤结果:" + filter_data)
    println()


    println("调用 partition 对列表元素按奇数与偶数进行分区:")
    println("(在查找过程中,一旦满足条件立即停止查找,返回已经找到的元素)")
    var partition_data = List(1, 2, 3, 4, 5) partition (_ % 2 == 0)
    println("\t分区结果:" + partition_data)
    println()

    println("调用 find 查找列表中的偶数:")
    var find_data = List(1, 60, 3, 4, 5, 10, 8) find (_ % 2 == 0)
    println("\t查找结果:" + find_data.get)
    println()


    //  不满足条件立即停止寻找
    println("调用 takeWhile 过滤大于 0 的元素:")
    println("(在查找过程中,一旦不满足条件立即停止查找,返回已经找到的元素)")
    var takeWhile_data = List(1, 2, 3, -4, 5) takeWhile (_ > 0)
    println("\t查找结果:" + takeWhile_data)
    println()
```

```
    println("调用 dropWhile 过滤大于 0 的元素:")
    println("(在查找过程中,一旦不满足条件立即停止查找,然后返回剩余的元素)")
    var dropWhile_data = List(1, 2, 3, -4, 5) dropWhile (_ > 0)
    println("\t 查找结果:" + dropWhile_data)
    println()

    println("调用 span 对列表元素进行分组:")
    println("(在分组过程中遇到不满足条件就立即停止分组,已经扫描的元素在一个组,剩余的在一个组)")
    var span_data = List(1, 2, 3, -4, 5) span (_ > 0)
    println("\t 分组结果:" + span_data)
    println()

    println("调用 exists 判断列表中是否存在某个元素:")
    val jobNames: List[String] = List("大数据开发工程师", "Python 开发工程师", "Scala 开发工程师")
    var result = jobNames.exists(c => c == "大数据开发工程师")
    println("\t 判断结果:" + result)
    println()

    println("调用 forall 判断列表中是否存在元素满足条件:")
    result = List(1, 2, 3, -4, 5) forall (_ >= 4)
    println("\t 判断结果:" + result)
    result = List(4, 5, 6, 7, 8, 9) forall (_ >= 4)
    println("\t 判断结果:" + result)
    println()
}
```

运行结果如图 2-58 所示。

(5) 列表类的方法

在列表类上可以直接调用方法,这些方法是通过伴生类实现的。这些方法与实例上的方法有些功能类似,但也有独特之处。

【例 2-32】 伴生方法调用。

代码如下:

```
object TestScala extends App {

    // List 对比 java,相当于调用类上的静态方法
    // scala 中静态其实是使用伴生对象提供的
    println("调用 apply 创建列表对象:")
    var data1 = List.apply(1, 2, 3)
```

```scala
        println("\t生成数据:" + data1)
        println()

        println("调用 range 创建列表对象:")
        println("\t(使用 range(from,until).创建从 from 到 until-1 的列表)")
        println("\t(range(from,until,step):step 表示步长)")
        var data2 = List.range(1, 9, 2)
        println("\t生成数据:" + data2)
        println()

        println("步长值为负数,可以生成从大到小排列的列表:")
        var data3 = List.range(9, 1, -2)
        println("\t生成数据:" + data3)
        println()

        println("调用 fill 创建列表对象:")
        println("(fill 参数 3,表示列表长度为 3,同时将第二个参数的数据生成 3 份)")
        var jobNames = List.fill(3)("大数据工程师")
        println("\t生成数据:" + jobNames)
        println()

        var a = List(1, 2, 2)
        var b = List(3, 4, 5)

        println("调用 flatten 将列表扁平化输出:")
        var data4 = List(List('a', 'b'), List('c'), List('d', 'e'))
        println("\t生成数据:" + data4.flatten)
        println()

        println("调用 concat 将列表连接在一起:")
        var data5 = List.concat(List('a', 'b'), List('c'))
        println("\t生成数据:" + data5)
        var data6 = List.concat(List(), List('b'), List('c'))
        println("\t与空列表连接:" + data6)
        println()
    }
```

运行结果如图 2-59 所示。

调用foreach遍历列表：
    列表求和：15

调用filter过滤元素：
    过滤结果：List(2, 4)

调用partition对列表元素按奇数与偶数进行分区：
(在查找过程中，一旦满足条件立即停止查找，返回已经找到的元素)
    分区结果：(List(2, 4),List(1, 3, 5))

调用find查找列表中的偶数：
    查找结果：60

调用takeWhile过滤大于0的元素：
(在查找过程中，一旦不满足条件立即停止查找，返回已经找到的元素)
    查找结果：List(1, 2, 3)

调用dropWhile过滤大于0的元素：
(在查找过程中，一旦不满足条件立即停止查找，然后返回剩余的元素)
    查找结果：List(-4, 5)

调用span对列表元素进行分组：
(在分组过程中遇到不满足条件就立即停止分组，已经扫描的元素在一个组，剩余的在一个组)
    分组结果：(List(1, 2, 3),List(-4, 5))

调用exists判断列表中是否存在某个元素：
    判断结果：true

调用forall判断列表中是否存都满足条件：
    判断结果：false
    判断结果：true

图 2-58　运行结果

调用apply创建列表对象：
    生成数据：List(1, 2, 3)

调用range创建列表对象：
    (使用range(from,until).创建从from到until-1的列表)
    (range(from,until, step)：step表示步长)
    生成数据：List(1, 3, 5, 7)

步长值为负数，可以生成从大到小排列的列表：
    生成数据：List(9, 7, 5, 3)

调用fill创建列表对象：
(fill参数3，表示列表长度为3，同时将第二个参数的数据生成3份)
    生成数据：List(大数据工程师, 大数据工程师, 大数据工程师)

调用flatten将列表扁平化输出：
    生成数据：List(a, b, c, d, e)

调用concat将列表连接在一起：
    生成数据：List(a, b, c)
    与空列表连接：List(b, c)

图 2-59　运行结果

2. Scala 字典

在 Scala 中字典也称为映射，是一种键值对的数据结构。字典的数据检索性能普遍优于其他几种集合对象，因此在项目中推荐使用字典。字典的限制是键不能重复。

【例 2-33】 字典的使用方式。

代码如下：

```
import scala.collection.mutable

object TestScala extends App {

    println("创建字典,然后添加与删除元素:")
    var jobInfo = new mutable.HashMap[String, String]()

    //向 jobInfo 中添加数据
    jobInfo("微软技术公司") = "人工智能工程师"
    jobInfo += (("三星科技公司", "C++开发工程师"))
    jobInfo.put("苹果公司", "IOS 开发工程师")

    println("\t字典数据:" + jobInfo)

    //从 map 中移除元素
    jobInfo -= "微软技术公司"
    jobInfo.remove("三星科技公司")
    println("\t移除元素后的字典数据:" + jobInfo)
    jobInfo.put("通用汽车公司", "汽车软件开发工程师")
    jobInfo.put("思科系统公司", "网络软件开发工程师")

    println()
    // 获取 key
    val nameList = jobInfo.map(_._1)
    println("输出所有的 key:" + nameList)
```

```
        val valList = jobInfo.map(_._2)
        println("输出所有的 val:" + nameList)
        //   获取对应 key 的值
        println("获取对应思科系统公司的职位" + jobInfo("思科系统公司"))
        println()


        println("合并两个字典:")
        var map1 = mutable.Map("甲骨文科技公司" -> "数据库开发工程师","通用汽车公司" -> "前端开发工程师")
        var map2 = map1 ++ Map.empty
        println("\t 拼接空列表:" + map2)
        var map3 = map2 ++ jobInfo
        println("\t 列表合并,自动去除重复元素:\n\t\t" + map3)

    }
```

运行结果如图 2-60 所示。

```
创建字典,然后添加与删除元素:
    字典数据:Map(三星科技公司 -> C++开发工程师, 微软技术公司 -> 人工智能工程师, 苹果公司 -> IOS开发工程师)
    移除元素后的字典数据:Map(苹果公司 -> IOS开发工程师)
输出所有的key:ArrayBuffer(通用汽车公司, 思科系统公司, 苹果公司)
输出所有的val:ArrayBuffer(通用汽车公司, 思科系统公司, 苹果公司)
获取对应思科系统公司的职位网络软件开发工程师

合并两个字典:
    拼接空列表:Map(通用汽车公司 -> 前端开发工程师, 甲骨文科技公司 -> 数据库开发工程师)
    列表合并,自动去除重复元素:
        Map(通用汽车公司 -> 汽车软件开发工程师, 思科系统公司 -> 网络软件开发工程师, 苹果公司 -> IOS开发工程师, 甲骨文科技公司 -> 数据库开发工程师)
```

图 2-60   运行结果

3. Scala 集合

集合是不包含重复元素的可迭代对象。

【例 2-34】 集合的使用方式。

代码如下:

```
import scala.collection.mutable

object TestScala extends App {

    val company = new mutable.HashSet[String]()
    println("创建一个空集合:" + company)
    val company1 = company + "甲骨文科技公司"
    println("往集合添加数据:" + company1)
    val company2 = company1 ++ Set("甲骨文科技公司","通用汽车公司")
```

```
println("连接两个集合:" + company2)
val company3 = Set(1, 2, 3) ++ company2
println("不同类型的集合相加:" + company3)
}
```

运行结果如图 2-61 所示。

```
创建一个空集合:Set()
往集合添加数据:Set(甲骨文科技公司)
连接两个集合：Set(甲骨文科技公司，通用汽车公司)
不同类型的集合相加：Set(通用汽车公司, 1, 2, 3, 甲骨文科技公司)
```

图 2-61 运行结果

4. Scala 元组

元组也是一种数据集合，它具有以下特点：

(1) 是不可变类型；

(2) 一个元组中可以包含不同类型的数据；

(3) 一个元组最多包含 22 个元素；

(4) 使用泛型来创建元组，有几个元素就必须指定几个泛型。

【例 2-35】 元组的使用方式。

代码如下：

```
object TestScala extends App {

    val jobInfo = (1, "大数据工程师", 5000)
    Tuple20
    val jobInfo1 = new Tuple3(2, "Python 开发公式", 8888.88)
    println("遍历元组:")
    jobInfo1.productIterator.foreach { c => println("\t 元素值为:" + c) }

}
```

运行结果如图 2-62 所示。

遍历元组：
    元素值为：2
    元素值为：Python开发公式
    元素值为：8888.88

图 2-62 运行结果

2.7 典型工作环节 7：统计大数据平台岗位数据

1. 统计维度 1：职位总数

如图 2-63 所示，是大数据平台采集到的岗位数据，现需要统计职位总数。该数据在随书源码对应章节下。其中，第一列是岗位名称，第二列是地区，第三列是岗位类型，第四列是薪资。

```
 2  C++开发工程师,大兴,实习全职,3400
 3  Java开发工程师,昌平,实习兼职,2900
 4  大数据工程师,大兴,实习全职,2000
 5  测试工程师,房山,实习全职,1100
 6  测试工程师,丰台,全职,2700
 7  Java开发工程师,房山,全职,1000
 8  C++开发工程师,丰台,实习兼职,2000
 9  Python开发工程师,海淀,实习兼职,700
10  Python开发工程师,朝阳,全职,500
11  Java开发工程师,朝阳,兼职,1300
12  需求分析师,丰台,实习全职,100000
13  C++开发工程师,海淀,兼职,1500
14  测试工程师,昌平,兼职,300
15  网络开发工程师,大兴,兼职,1400
16  Java开发工程师,昌平,实习兼职,900
17  大数据工程师,朝阳,实习全职,600
18  Java开发工程师,昌平,实习全职,1500
19  Java开发工程师,大兴,实习全职,1200
20  测试工程师,丰台,实习兼职,1600
21  C++开发工程师,海淀,实习全职,500
22  测试工程师,丰台,实习全职,400
23  网络开发工程师,大兴,全职,700
24  C++开发工程师,海淀,全职,500
25  需求分析师,昌平,全职,800
26  网络开发工程师,房山,兼职,1000
27  Python开发工程师,海淀,实习兼职,700
28  Python开发工程师,丰台,实习兼职,2000
```

图 2-63 职位数据

【例 2-36】 读取数据文件，统计"朝阳区"职位数。

代码如下：

```scala
import scala.io.Source

object TestScala extends App {
    val source = Source.fromFile("job.txt", "UTF-8")
    val lines = source.getLines
```

```
    def getMap(line: String) = {
      var data = line.split(",")
      (data(1), 1)
    }


    var data1 = lines.map(line => getMap(line))


    var result = data1.filter(c => c._1 == "朝阳")
    var count = 0
    for (i <- result) {
      count += i._2
    }
    println("提供的职位数:" + count)
    source.close
}
```

运行结果如图2-64所示,"朝阳区"的职位数是1 313个。

提供的职位数：1313

图 2-64 运行结果

2. 统计维度2:职位类型最高薪酬

【例2-37】 读取数据文件,求各类型岗位最高薪酬。

代码如下:

```
import scala.collection.mutable.ListBuffer
import scala.io.Source


object TestScala extends App {
  val source = Source.fromFile("D:\\workspace\\PycharmProjects\\readxls\\job.txt", "UTF-8")
  val lines = source.getLines
  var quanzhi = new ListBuffer[Int]()
  var jianzhi = new ListBuffer[Int]()
  var shixiquanzhi = new ListBuffer[Int]()
  var shixijianzhi = new ListBuffer[Int]()
  def getMap(line: String) = {
    var data = line.split(",")
    data(2) match {
      case "全职" => {
```

```
            quanzhi.append(Integer.parseInt(data(3)))
          }
          case "兼职" => {
            jianzhi.append(Integer.parseInt(data(3)))
          }
          case "实习全职" => {
            shixiquanzhi.append(Integer.parseInt(data(3)))
          }
          case "实习兼职" => {
            shixijianzhi.append(Integer.parseInt(data(3)))
          }
        }
      }
    }

    lines.foreach(getMap)
    println("全职最高工资:" + quanzhi.max)
    println("兼职最高工资:" + jianzhi.max)
    println("实习全职最高工资:" + shixiquanzhi.max)
    println("实习兼职最高工资:" + shixijianzhi.max)
    source.close
}
```

运行结果如图 2-65 所示。

全职最高工资：200000
兼职最高工资：100000
实习全职最高工资：40000
实习兼职最高工资：10000

图 2-65　运行结果

3. 统计维度 3：职位地域平均薪酬

【例 2-38】 读取数据文件,求各地区平均薪酬。
代码如下：

```
import scala.collection.mutable
import scala.collection.mutable.ListBuffer
import scala.io.Source

object TestScala extends App {
```

```scala
val source = Source.fromFile("D:\\workspace\\PycharmProjects\\readxls\\job.txt", "UTF-8")
val lines = source.getLines

var jobInfo = new mutable.HashMap[String, ListBuffer[Int]]()
var areas = List("朝阳","丰台","海淀","昌平","房山","大兴")
for(area <- areas){
  jobInfo.put(area, new ListBuffer[Int])
}

def getMap(line: String) = {
  var data = line.split(",")
  var data1 = jobInfo.get(data(1))
  data1.get.append(Integer.parseInt(data(3)))
}

lines.foreach(getMap)
for(area <- areas){
  var count = jobInfo.get(area).get.length
  var sum = jobInfo.get(area).get.sum
  println("区域:" + area + "平均工资:" + sum / count)
}
source.close
}
```

运行结果如图 2-66 所示。

区域：朝阳平均工资：21730
区域：丰台平均工资：20548
区域：海淀平均工资：20144
区域：昌平平均工资：20056
区域：房山平均工资：18716
区域：大兴平均工资：19239

图 2-66 运行结果

2.8 归纳总结与拓展提高

本学习情景主要介绍了 Scala 语言的基本概念和基本语法,包括基本数据类型和变量、常用容器类型、输入/输出和控制结构、函数、类、对象、异常处理等。

Scala 是一门面向对象的编程语言，Scala 的类继承结构比较简单清晰。Scala 语言中所有的类都继承自一个共同的超类 Any，是 Scala 类层级的根节点，在其下面有两个子类：AnyVal 和 AnyRef，其中 AnyVal 是 Scala 中所有值类的超类，AnyRef 是 Scala 中引用类的超类。在 Scala 类层级的底部分布着两个特殊的类：NULL 类和 Nothing 类。NULL 类属于引用对象类型，位于引用类层级底部，是所有引用类的子类，而 Nothing 位于 Scala 类层级的最低端，代表着它是所有类的子类型。

2.9 课后练习

一、选择题

1. 以下不属于 Scala 数值类型的是（　　）。
   A. Char　　　　　　　　　　　B. Int
   C. Float　　　　　　　　　　　D. FloatFloat

2. Scala 关于变量定义、赋值，错误的是（　　）。
   A. val a = 4　　　　　　　　　B. val a:String = 4
   C. var b:Int = 4; b = 8　　　　D. var b = "Hello World!"; b = "world"

3. 在 Scala 中如何获取字符串"HelloChina"的首字符和尾字符？（　　）
   A. "HelloChina"(0),"HelloChina"(10)
   B. "HelloChina".take(1),"HelloChina".reverse(0)
   C. "HelloChina"(1),"HelloChina"(10)
   D. "HelloChina".take(0), "HelloChina".takeRight(1)

4. 以下输出与其他不一致的是（　　）。
   A. println("Hello China")　　　　B. print("Hello China\n")
   C. printf("Hello %s", "China\n")　D. val w = "China"; println("Hello $w")

5. 以下关于函数 def sum(args:Int*) = {var r = 0; for(arg <- args) r += arg; r}} 输出结果不一致的是（　　）。
   A. sum(1,2,3)　　　　　　　　B. sum(6)
   C. sum(2,4)　　　　　　　　　D. sum(1,1,1,2)

6. 下列数组定义与其他不一致的是（　　）。
   A. val a = Array[Int](0, 0)　　　B. val a = Array(0, 0)
   C. val a = new Array[Int](2)　　D. val a = Array[Int](1, 1)

7. 以下关于元组 Tuple 说法错误的是（　　）。
   A. 元组的可以包含不同类型的元素　　B. 元组是不可变的
   C. 访问元组第一个元素的方式为 pair._1　D. 元组最多只有 2 个元素

8. 类和单例对象间的差别是(　　)。

A. 单例对象不可以定义方法,而类可以

B. 单例对象不可以带参数,而类可以

C. 单例对象不可以定义私有属性,而类可以

D. 单例对象不可以继承,而类可以

9. 定义类 Class Student(private val name：String)｛｝,以下说法正确是(　　)。

A. name 是对象私有字段

B. name 是类私有字段,有私有的 getter 方法

C. name 是类公有字段,有公有的 getter 和 setter 方法

D. name 是类私有字段,可以在类内部被改变

10. 关于和 Scala 进行交互的基本方式 REPL 说法错误的是(　　)。

A. R 读取(read)　　　　　　　　　B. E 求值(evaluate)

C. P 解析(Parse)　　　　　　　　 D. L 循环(Loop)

二、编程题

使用 Scala 语言打印九九乘法表。

学习情境三
使用 RDD 统计平台数据

Spark 大数据开发

项目概述

Spark 采用 RDD 与算子来解决相关业务问题，RDD 类似于 Scala 语言中的集合，算子相当于 Scala 语言中的低阶函数。本情景围绕 RDD 读写操作以及基本算子的转换操作，分析和统计职业能力分析平台中的数据。

学习目标

（1）掌握 RDD 读写操作；
（2）掌握 RDD 转换操作。

3.1 典型工作环节 1：需求分析

小李学习大数据专业，毕业前夕，准备找工作，想在职业能力分析大数据服务平台统计职位数据，以便了解大数据相关技能的薪资、地区等情况，有针对性地投递简历，希望找到一个专业对口的工作。

经过调研，小李知道可以使用 Spark RDD 对职位数据进行处理和统计。小李通过自己努力，已经学习完 Scala，现在需要对 RDD 进行系统学习，才能完成他的任务，即，使用 Spark RDD 来统计职位数据。

3.2 典型工作环节2：步骤分析

在较高的层次上，每个 Spark 应用程序都包含一个驱动程序，该程序运行用户的主要功能并在群集上执行各种并行操作。弹性分布式数据集（Resilient Distributed Datasets，RDD）是 Spark 提供的最基本的数据抽象，它是跨群集节点分区的元素的集合，可以并行操作。RDD 是通过从 Hadoop 文件系统（或任何其他 Hadoop 支持的文件系统）中的文件或驱动程序中的现有 Scala 集合开始并对其进行转换而创建的。用户还可以要求 Spark 在内存中保留 RDD，允许它在并行操作中有效地重用。最后，RDD 会自动从节点故障中恢复。

Spark 程序一般称为算子。编写算子的流程是要创建 Spark 上下文对象，通过上下文对象调用 Spark API。

通过 API 创建 RDD 后，需要根据业务进行转换，在转换过程中编写对应的处理逻辑，然后就可以调用"行动"操作 API 触发程序的执行。计算完毕后将结果存到外部设备，比如文件、数据库等。

综上所述，开发一个 Spark 应用主要步骤为

第一步：在之前搭建的 Spark 环境之上引入 spark-core 的包，配置 RDD 环境。

第二步：创建 SparkContext。SparkContext 是 Spark 功能的主要入口，每一个 Spark 应用都是一个 SparkContext 实例。

第三步：调用算子编写程序。

第四步：提交应用。

3.3 典型工作环节3：学习RDD架构原理与入门

3.3.1 RDD 入门概要

1. 什么是 RDD

RDD 是 Spark 中的核心概念，可以简单地把 RDD 理解成一个提供了许多操作接口的数据集合，其实际数据分布存储于一批机器中（内存或磁盘中），可在多次计算间重用。Spark 用 Scala 语言实现了 RDD 的 API，程序员可以通过调用 API 实现对 RDD 的各种操作，从而实现各种复杂的应用。

RDD 允许用户在执行多个查询时显式地将工作集缓存在内存中，后续的查询能够重用工作集，这极大地提升了查询速度。在大数据实际应用开发中存在许多迭代算法，如机器学习、图算法等以及交互式数据挖掘工具。这些应用场景的共同之处是在不同计算阶段之间

会重用中间结果,即一个阶段的输出结果会作为下一个阶段的输入。RDD 正是为了满足这种需求而设计的。虽然 MapReduce 具有自动容错、负载平衡和可拓展性的优点,但是其最大的缺点是采用非循环式的数据流模型,使得在迭代计算时要进行大量的磁盘 I/O 操作。

通过使用 RDD,用户不必担心底层数据的分布式特性,只需要将具体的应用逻辑表达为一系列转换处理,就可以实现管道化,从而避免了中间结果的存储,大大降低了数据复制、磁盘 I/O 和数据序列化的开销。

2. 如何创建 RDD

有两种方法创建 RDD:

(1) 读取外部的数据文件;

(2) 将程序中的集合类型的数据(list,set)转化而成。

```
//第一种方式
    val lines = sc.textFile("test.txt")
//第二种方式
    val lines = sc.parallelize(["a","b","c"])
```

3. 如何操作 RDD

RDD 的操作分为两种:

(1) 转化操作(transformation);

(2) 行动操作(action)。

转化操作会生成新的 RDD,但是 Spark 只会惰性地进行计算,直到第一次执行一个行动操作,之前的转化操作才会开始执行。

例如,在装系统时,利用磁盘工具对硬盘进行分区、更改卷标号、格式化硬盘等操作,在点击确认操作前,所有的分区操作都不会真正地执行,直到点击了确认按钮,软件才真正开始执行刚刚指定的操作。

所以如果用 debug 调试 Spark 程序,会发现很奇怪的现象,明明程序运行到第 20 行了,但是再单步往下调试的时候,又跳到第 10 行去了,这是因为转化操作才刚刚开始执行。

如果大家之前有在 Hadoop 上写过 MapReduce(以下简称 MR),就会觉得这种方式是非常高效的。即使在 mapper 中写了一条 if,丢弃了其中 80% 的数据,MR 程序也会读入指定的文件。但是 Spark 不同,在运行载入文件命令时,它不会真的把所有数据读进内存,而是看之后对数据进行了哪些操作。

默认情况下,Spark 的 RDD 会在每次对它们进行行动操作的时候重新计算,这时,如果要反复操作同一个 RDD,应该缓存该 RDD,避免重复运算(可使用 persist 方法将 RDD 进行缓存)。

```
//从外部读取文件,生成 RDD
    val lines = sc.textFile("test.txt")//将 RDD 缓存起来,方法如果没有参数可以省略括号
    lines.persist//调用转化操作,读取包含'error'的行
```

```
val errorLines = lines.filter( x => x.contains("error"))//调用第一个行动操作,使得之前的转化操作开始执行
errorLines.first( )
```

缓存后的数据默认是以序列化的形式缓存在内存中,可以通过传入参数改变缓存的位置,如存放到磁盘中,还可以能在末尾加上_2 指定缓存的份数。

总而言之,转化操作返回新的 RDD,并且具有"血统",能保存从父 RDD 转化的过程,在数据丢失时,根据"血统"信息进行重算即可;而行动操作则返回操作的结果(数值、字符串等格式)或者是将数据存入磁盘中。

3.3.2 RDD 构架原理

RDD 是 Spark 的基础数据结构。表现形式为不可变的分区元素的集合,并且可以在集群中并行操作。

比如在操作系统中,有 N 个文件。RDD 就可以代表这 N 个文件在内存中的一种表示。若在分布式文件系统上,这 N 个文件存放于不同的机器,RDD 仍然可以代表这些不同机器上的文件。

又比如把数据库表的数据加载到内存时,在.NET 里,可以用 dataset,datatable,list 对象装载这批数据;在 Java 里,也可以使用 HashMap,RecordSet,ArrayList 来装载这批数据。

对于存储在普通计算机磁盘上的数据,把它加载到内存时,在内存中就有一个对应的类型来表示或者有一个容器来装载。对于分布式的文件系统,将存放的数据加载到内存时,同样也有一个容器来装载,这个容器就是 RDD。

存放在 HDFS、本地磁盘,以及 Spark 支持的其他各类数据源,进入 Spark 之后,就转换为 RDD。

RDD 对象具有如下属性。

(1) RDD 是一个由多个分区组成的列表,其中分区是指集群中一个节点里的一片连续的数据。因为一个数据集可以存在于不同的机器上,所以这些分区就可以存在于不同节点上,从而实现在不同的节点上并行计算数据。将数据加载为 RDD 时,一般会遵循数据的本地性,比如数据在哪个节点上,那么对应的 RDD 的这个分区就存在这个节点上。同时,每个分区上的计算任务,也由该节点承担。

(2) RDD 的每个分区上都可以执行函数,也就是函数应用,用作 RDD 之间分区转换。

(3) 为了容错,RDD 会记录相互间的依赖,在内存中的 RDD 操作时出错或丢失会根据依赖进行重算。

(4) 如果是键值对形式的 RDD,里面存的数据是 key-value 形式,用户则可以对这些数据进行重新分区。自定义分区可以将 RDD 中的数据按 key 进行重新组合,将相同的 key 划分到一个分区中。

（5）RDD 的对象可以是任意类型。

由于 RDD 的分区是只读的，不能修改，因此只能基于固定的数据集来创建 RDD，或者在其他 RDD 上执行转换操作来生成新的 RDD。

RDD 对象上拥有很多 API，分为行动操作与转换操作，这些 API 可以支持常见的数据运算。转换操作用于描述 RDD 之间的依赖关系，行动操作会触发计算，得到一个具体的计算结果。行动操作的计算逻辑，就是根据 RDD 之间的依赖关系来确定的。行动操作与转换操作的区别是，转换操作接收一个 RDD 为参数，并返回一个新的 RDD，行动操作接收 RDD 返回非 RDD。

一个 RDD 转为另一个 RDD，那么称前一个 RDD 为后一个的父 RDD，后一个为前一个的子 RDD。RDD 对象上的依赖关系分为窄依赖与宽依赖。窄依赖是指一个父 RDD 的一个分区对应一个子 RDD 的一个分区，或者多个父 RDD 的一个分区，对应一个子 RDD 的一个分区。宽依赖就是一个父 RDD 的一个分区，对应子 RDD 的多个分区。如图 3-1 所示，竖线左边就是窄依赖，右边就是宽依赖。

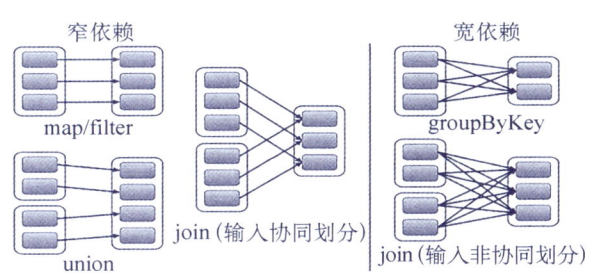

图 3-1　依赖关系

Spark 引擎在运行时会根据 RDD 的依赖关系创建 DAG，即有向无环图。再通过 DAG 来划分阶段，划分逻辑是：遇到宽依赖就断开，将窄依赖划分到一个阶段中。Spark 引擎为每个阶段创建任务。集群中的各个节点获取任务并执行。

3.3.3　Spark 程序的运行流程

在 Spark 软件解压之后，bin 目录下有一个程序：spark-submit。这个程序是 Spark 的客户端程序，也称驱动程序、驱动器。驱动器提交任务到 Spark 引擎的语法格式如下：

　　./bin/spark-submit --class <包含 main 函数的类名> <jar 包的完全路径>

一个 Scala 文件被提交到 Spark 引擎后，会被转换成应用，开始以下流程：

首先驱动器（包含 SparkContext 对象的程序）会为这个应用构建基本的运行环境。驱动器将 RDD 的依赖关系生成 DAG，然后 DAG 被划分成多个阶段，每个阶段都创建好任务，因此一个阶段会包含一个任务集。

驱动器对象联系资源管理器（Spark 引擎默认使用 Spark 自带资源管理器，也可以使用

Spark 大数据开发

YARN 等），申请需要使用多少 CPU、多少内存。

资源管理器为执行器分配资源、启动执行器进程，执行器进程将运行状态发送到资源管理器。

已经启动好的执行器向驱动器申请待执行的任务。此时，驱动器将程序发送给对应的执行器；执行器将任务执行完毕后，结果通知到驱动器；驱动器收到结果后注销应用，释放资源。

若需要将数据提交到集群，则按以下格式执行命令。

```
./bin/spark-submit --master <master-url> --class <包含 main 函数的类名> <jar 包的完全路径>
```

其中，master-url 指集群的地址，可按以下方式取值。

（1）local：只有一个线程在运行 Spark 程序。

（2）local[*]：根据本地节点虚拟 CPU 的个数来开启线程，来运行 Spark 程序。

（3）local[K]：使用 K 个线程来运行 Spark 程序。

（4）spark://IP:PORT：连接到指定的 Spark 自带的集群来运行程序。默认端口是 7077。

（5）yarn-client：以客户端模式连接 YARN 集群。

（6）yarn-cluster：以集群模式连接 YARN 集群。

（7）mesos://HOST:PORT 连接到指定的 Mesos 集群。默认接口是 5050。

3.4 典型工作环节 4：学习 Spark RDD 编程基础

Spark 中，对数据的所有操作不外乎创建 RDD、转化已有的 RDD 以及调用 RDD 操作进行求值，Spark 会自动将 RDD 中的数据分发到集群上，并将操作并行化执行。

3.4.1 配置环境

在前文的学习中，已经搭建了 Spark 平台，安装了 Scale 环境，这里仅需配置 Spark 开发依赖包即可。

步骤 1：选择菜单栏"File"→"Project Structure"命令，快捷键为"Ctrl+Alt+Shift+S"打开图 3-2 所示界面。

步骤 2：引入 spark-core 的包，如图 3-3 所示。

至此就可以开发 Spark 程序了。

3.4.2 提交任务到集群

通常，需要提交的任务都是在编辑器中进行的。在实际生产环境中，任务是提交到

学习情境三 使用 RDD 统计平台数据

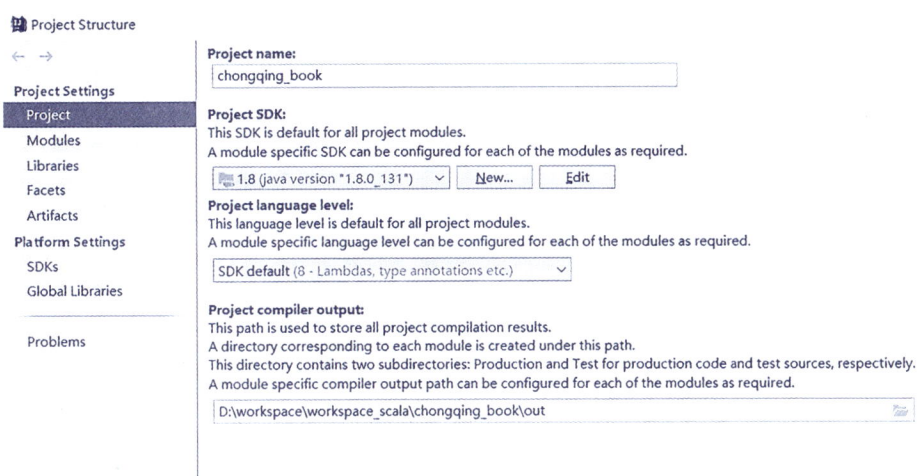

图 3-2 配置项目

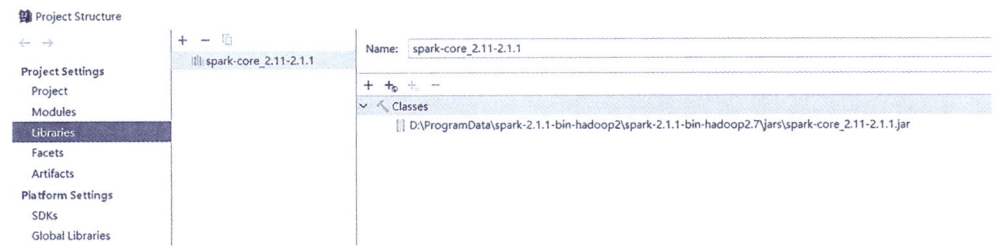

图 3-3 配置 Spark 库

Spark 集群运行的，Spark 自带一个 WebUI 页面，可用于观察 Spark 程序的运行过程。

下面将介绍如何将程序打包，并使用 spark-submit 工具进行提交。

步骤 1：为了能观察程序运行过程，需要将任务执行过程延长。因此在代码中增加运行的休眠时间。

添加休眠时间代码如下：

```
package chapter3
import org.apache.spark.{SparkConf, SparkContext}

object SparkTest extends App {
    // 创建 SparkConf 对象
    val conf = new SparkConf().setAppName("筛选重庆地区的数据").setMaster("spark://master.lab.hwadee.com:7077")
    // 创建 SparkContext 对象
    val sc = new SparkContext(conf)
```

```
sc.setLogLevel("error")

var jobRDD = sc.textFile("/opt/data/job/cqbigdata_job.csv")
var listRDD = jobRDD.map(line => {
  Thread.sleep(10000)
  var data = line.split("\t")
  data
})
listRDD.filter(c => c(4).contains("重庆") && c(7).contains("专")).foreach(c => {
  println("地区:" + c(4) + ",学历:" + c(7) + ",岗位名称:" + c(1))
})
}
```

步骤2:然后将程序打包。将 Scala 程序打包成 jar 文件,首先选择项目结构,如图 3-4 所示。

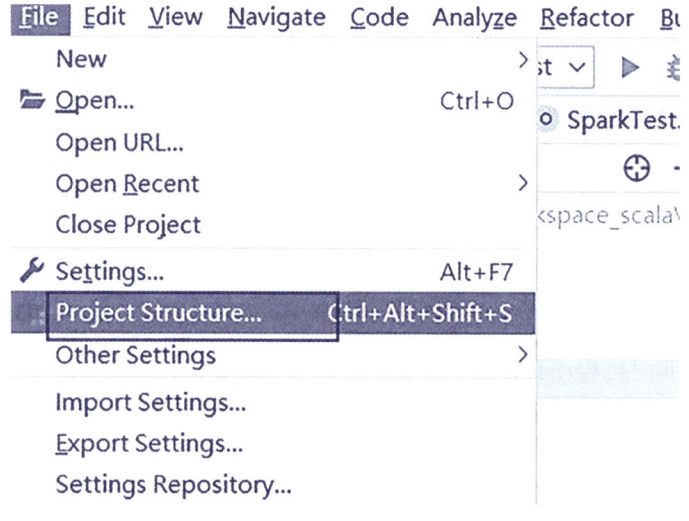

图 3-4 选择项目结构

步骤3:选择"Artifacts",表示要创建的"JAR"包,如图 3-5 所示。

步骤4:如图 3-6 所示,选择一个包含 main 函数的主类。

步骤5:勾选"include in project build"复选框,在 output layout 下面移除多余的 jar 包,只剩下与项目名称相同的项即可,如图 3-7 所示。注意,这里的 main class 是 chapter3.SparkTest。

步骤6:配置完毕后进行编译,如图 3-8 所示。

步骤7:将生产的 jar 包上传到前面部署好 Spark 集群的服务器上,使用命令提交应用。这里的 class 就是步骤 5 中的 main class。

学习情境三　使用 RDD 统计平台数据

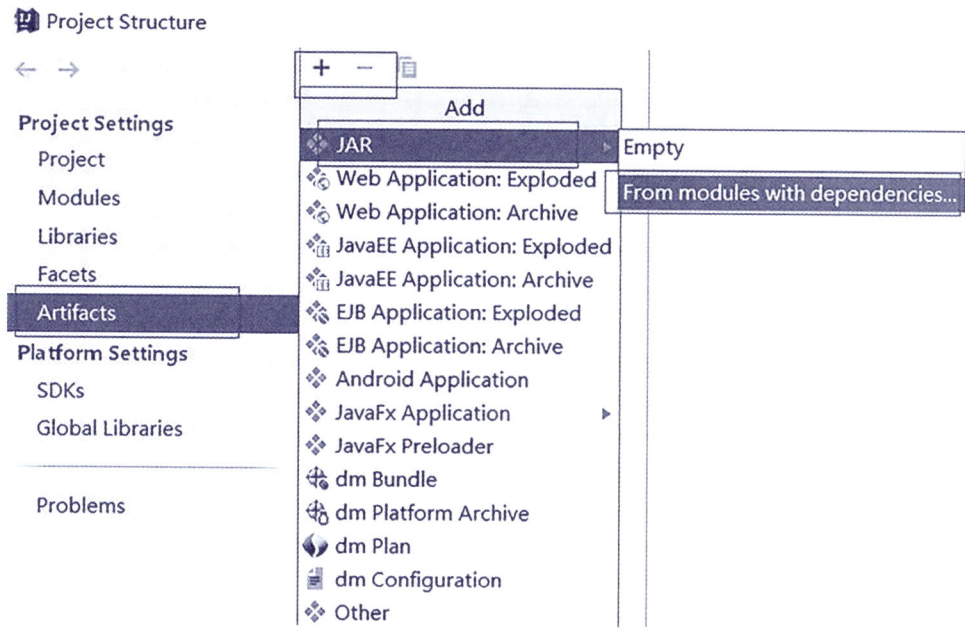

图 3-5　添加 Artifacts

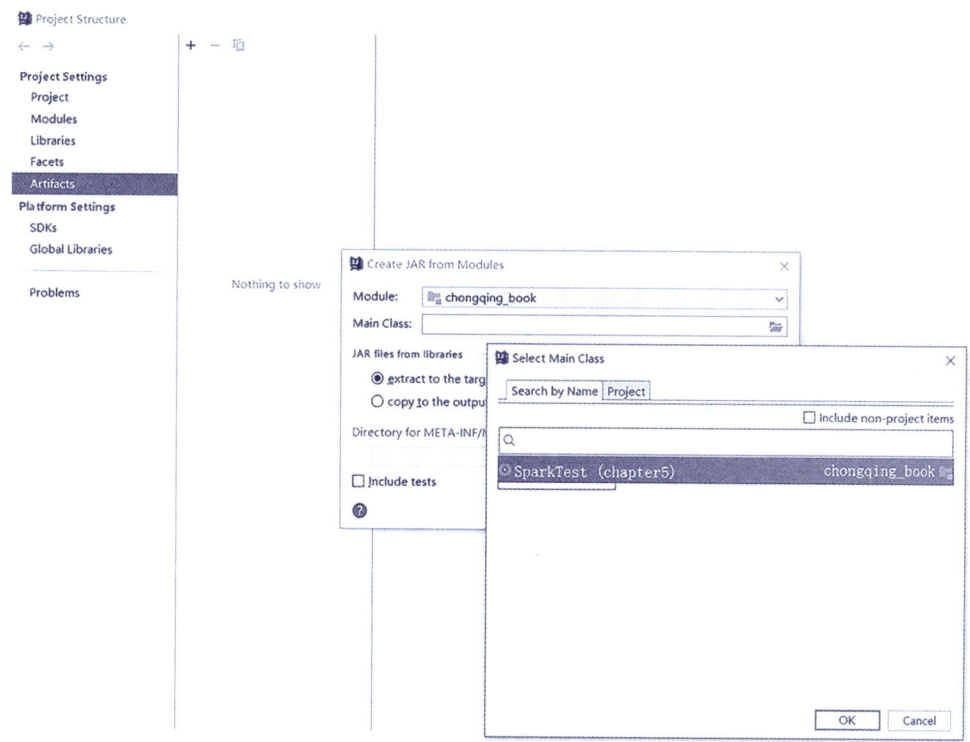

图 3-6　选择主类

105

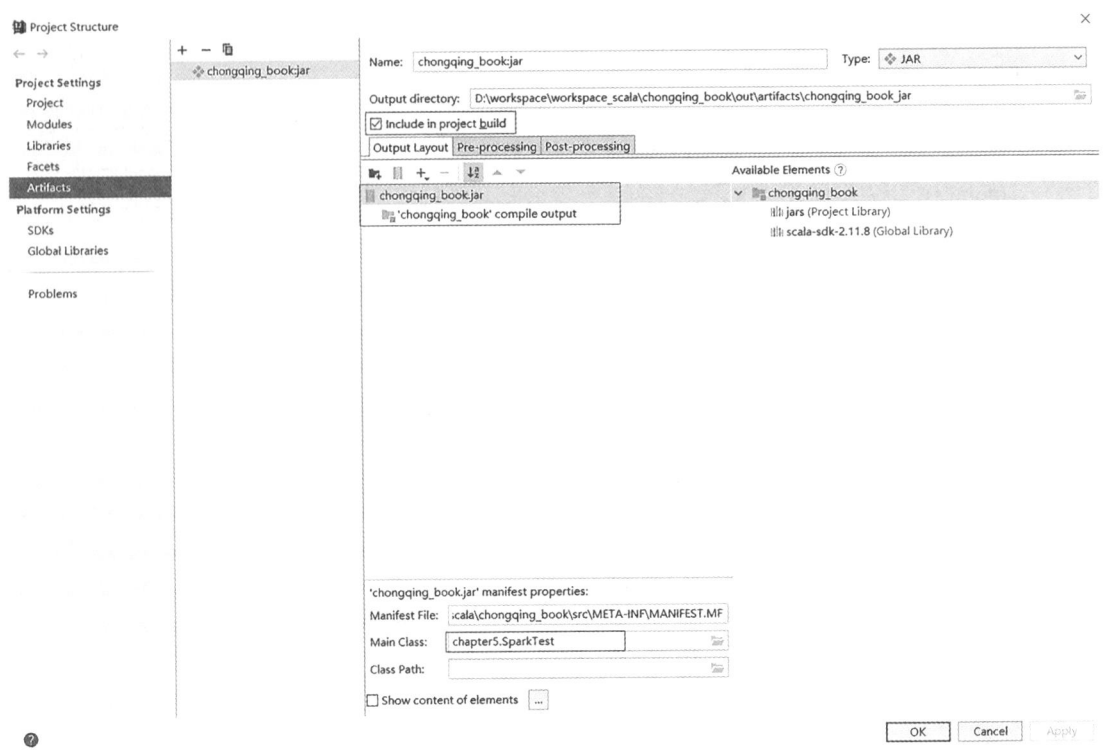

图 3-7 设置输出

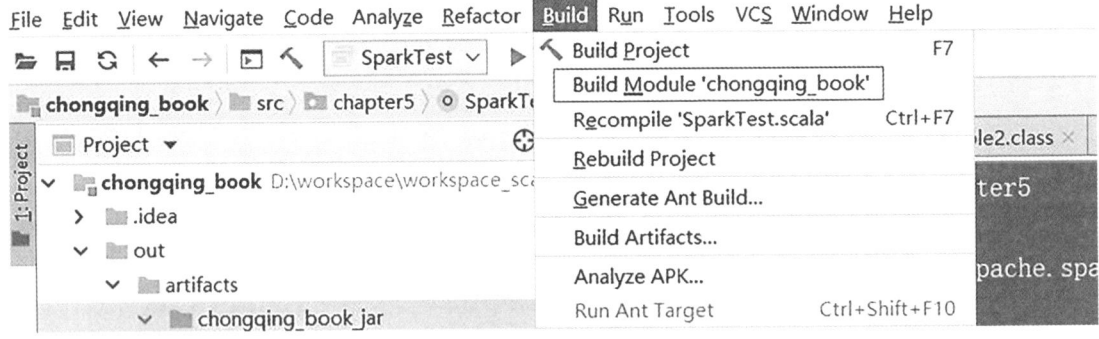

图 3-8 编译项目

```
cd /usr/local/spark
./bin/spark-submit --class chapter3.SparkTest /opt/data/job/chongqing_book.jar
```

至此任务提交完毕。

在浏览器打开页面:

http://192.168.182.11:8080/

可以看到 Spark 引擎已经创建好应用,其中应用 ID 是:app-20190424114752-0000,名称是:筛选重庆地区的数据,使用 CPU 核心为 8 等信息,如图 3-9 所示。

Spark Master at spark://master.lab.hwadee.com:7077

URL: spark://master.lab.hwadee.com:7077
REST URL: spark://master.lab.hwadee.com:6066 (cluster mode)
Alive Workers: 2
Cores in use: 8 Total, 8 Used
Memory in use: 13.2 GB Total, 2.0 GB Used
Applications: 1 Running, 0 Completed
Drivers: 0 Running, 0 Completed
Status: ALIVE

Workers

Worker Id	Address
worker-20190424114051-192.168.182.11-40274	192.168.182.11:40274
worker-20190424114054-192.168.182.101-46518	192.168.182.101:46518

Running Applications

Application ID	Name	Cores	Memory per Node
app-20190424114752-0000	(kill) 筛选重庆地区的数据	8	1024.0 MB

图 3-9 编译项目

点击应用 ID 的链接,进入应用详情页,如图 3-10 所示。可以看到有几个节点在执行应用。

Application: 筛选重庆地区的数据

ID: app-20190424114752-0000
Name: 筛选重庆地区的数据
User: root
Cores: Unlimited (8 granted)
Executor Limit: Unlimited (2 granted)
Executor Memory: 1024.0 MB
Submit Date: Wed Apr 24 11:47:52 CST 2019
State: RUNNING
Application Detail UI

Executor Summary

ExecutorID	Worker
1	worker-20190424114051-192.168.182.11-40274
0	worker-20190424114054-192.168.182.101-46518

图 3-10 应用详情页

点击菜单栏的"Stages",可以看到该应用生成的 DAG 图,如图 3-11 所示。

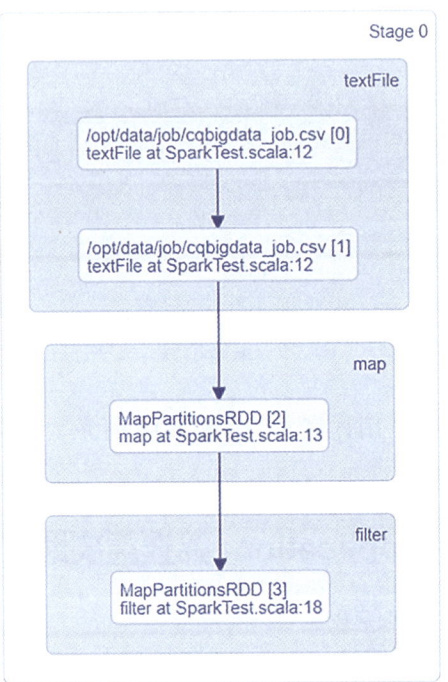

图 3-11 DAG 图

该页面继续下拉,可以看到各任务执行情况,如图 3-12 所示。

图 3-12 任务执行情况

点击菜单栏的"Executors",可以看到各节点对任务的执行情况,如图 3-13 所示。

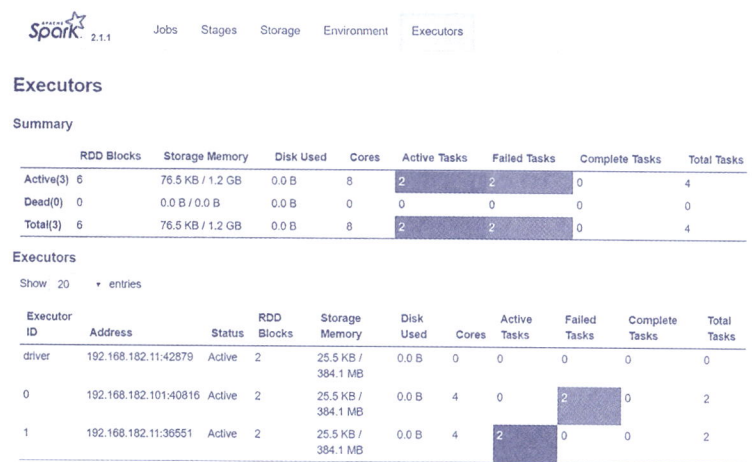

图 3-13　各节点任务执行情况

3.4.3　读取数据生成 RDD

创建 RDD 有两种方式:一是通过内存的数据创建,二是通过读取文件创建。

【例 3-1】　通过内存的数据创建。

代码如下:

```
package chapter3
import org.apache.spark.{SparkConf, SparkContext}

object SparkTest extends App {
    // 创建 SparkConf 对象
    val conf = new SparkConf().setAppName("实例1").setMaster("local[*]")
    // 创建 SparkContext 对象
    val sc = new SparkContext(conf)
    val data = Array(1, 2, 3, 4, 5)
    // 创建并行化集合
    val pdata = sc.parallelize(data)
    //parallelize 不设置分区数,则默认为该应用获取到的 cpu 数
    println("RDD 的分区个数" + pdata.partitions.size)
    // 第二个参数显式设置分区数
    val pdata1 = sc.parallelize(data, 3)
    println("RDD 的分区个数" + pdata1.partitions.size)
}
```

Spark 大数据开发

其中,代码:

```
val conf = new SparkConf().setAppName("实例1").setMaster("local[ * ]")
```

new SparkConf()表示创建一个 Spark 配置对象;setAppName 是设置 Spark 应用的名称;setMaster 是设置 Spark 集群位置。"local"表示设置集群为本机,也就是应用将采用本地模式运行,"*"表示并行的任务数,指本地计算 CPU 虚拟核心数。假设本地电脑 CPU 的虚拟核心是 8,那么"local[*]"就表示在本地计算机上启动 8 个线程来执行任务。

```
val sc = new SparkContext(conf)
```

SparkContext 则是 Spark 的核心对象。它充当一个客户端程序,在 Spark 中称为驱动程序。由这个驱动程序来提交应用到 Spark 引擎。获得一个 SparkContext 对象是编程必需的。

```
val pdata = sc.parallelize(data)
```

调用 parallelize 方法,可以将 data 数组转为并行化的集合,就是转为一个 RDD。通过 pdata.partitions.size 可以获取 RDD 的分区个数。

```
val pdata1 = sc.parallelize(data, 3)
```

parallelize 方法的第二个参数是设置 RDD 的分区个数。设置分区个数的目的是优化程序的并行度,以此提高执行效率。

运行结果如图 3-14 所示。

RDD的分区个数8
RDD的分区个数3
图 3-14 输出 RDD 分区信息

【例 3-2】 通过读取文件创建 RDD。

代码如下:

```
package chapter3
import org.apache.spark.{SparkConf, SparkContext}
object SparkTest extends App {
    // 创建 SparkConf 对象
    val conf = new SparkConf().setAppName("实例1").setMaster("local[ * ]")
    // 创建 SparkContext 对象
    val sc = new SparkContext(conf)
    val rdd = sc.textFile("D:\\words.txt")
    var data = rdd.collect()
    for (i <- data) {
```

```
        println(i)
    }
}
```

其中,下述代码是通过读取文件创建的 RDD。

```
val rdd = sc.textFile("D:\\words.txt")
```

实际上,此时 Spark 并没有去读取 words.txt 文件,而是记录了要去读取这个文件"这件事"。当调用 collect 这个行动操作时,才去读取 words.txt。此时 collect 会返回一个数组,包含的内容就是 words.txt 文件的内容。

运行结果如图 3-15 所示。

拓展训练:
(1) 读取 json 格式的数据生成 RDD。
(2) 读取 CSV/TSV 格式的数据生成 RDD。
(3) 读取 SequenceFile 格式的数据生成 RDD。
(4) 读取 object 格式的数据生成 RDD。
(5) 读取 HDFS 中的数据-显示调用 Hadoop API。
(6) 读取 MySQL 数据库中的数据。

```
hello
world
python
scala
spark
hadoop
python
scala
spark
hadoop
```

图 3-15 输出 RDD 分区信息

3.4.4 保存 RDD 中的数据

在 Spark 中,可以通过 saveAsTextFile 方法将 RDD 中的数据保存成普通文本文件,该方法接受一个存储路径,该路径可以是 HDFS,也可以是本地文件系统。

将 RDD 中的数据保存成普通文本文件。

代码如下:

```
package chapter3.write
import org.apache.spark.{SparkConf,SparkContext}

object Chapter3_1 {
    def  main(args: Array[String]): Unit = {
        val conf = new SparkConf().setMaster("local[ * ]").setAppName("Chapter3_1")
        val sc = new SparkContext(conf)
        val rddData = sc.parallelize(Array(("one",1),("two",2),("three",3)),10)
        val path = "file:///D:\\chapter3_1"
        rddData.savaAsTextFile(path)
```

```
            sc.stop
    }
}
```

其中,parallelize 方法将数组转换为 RDD,该方法第 2 个参数"10"用于设置分区个数。每个分区对应一个输出文件。如果分区个数设置不合理,可能会产生空文件,即有的文件中(分区中)没有数据。

拓展训练:
(1) 将 RDD 中的数据保存成 JSON 文件。
(2) 将 RDD 中的数据保存成 CSV/TSV 文件。
(3) 将 RDD 中的数据保存成 SequenceFile 文件。
(4) 将 RDD 中的数据保存成 object 文件。
(5) 将 RDD 中的数据保存成 HDFS 文件-显示调用 Hadoop API 方式。
(6) 将 RDD 中的数据写入 MySQL 数据库。

3.4.5 RDD 进行数据运算

创建出来后,RDD 支持两种类型的操作:转化操作(transformation)和行动操作(action)。转化操作会由一个 RDD 生成一个新的 RDD。行动操作会对 RDD 计算出一个结果,并把结果返回到驱动器程序中,或把结果存储到外部存储系统(如 HDFS)中。

1. 常见转换操作(表 3-1 和表 3-2)

表 3-1　　对一个数据为{1,2,3,3}的 RDD 进行基本的 RDD 转化操作

函数名	目的	示例	结果
map()	将函数应用于 RDD 中的每个元素,将返回值构成新的 RDD	rdd.map(x=x+1)	{2,3,4,4}
flatMap()	将函数应用于 RDD 中的每个元素,将返回的迭代器的所有内容构成新的 RDD。通常用来切分单词	rdd.flatMap(x=>x.to(3))	{1,2,3,2,3,3,3}
filter()	返回一个由通过传给 filter() 的函数的元素组成的 RDD	rdd.filter(x=>x!=1)	{2,3,3}
distinct()	去重	rdd.distinct()	{1,2,3}
sample(withReplacement, fraction,[seed])	对 RDD 采样,以及是否替换	rdd.sample(false,0.5)	非确定的

表 3-2　对数据分别为 {1,2,3} 和 {3,4,5} 的 RDD 进行针对两个 RDD 的转化操作

函数名	目的	示例	结果
union()	生成一个包含两个 RDD 中所有元素的 RDD	rdd.union(other)	{1,2,3,3,4,5}
intersection()	求两个 RDD 共同的元素	rdd.intersection(other)	{3}
substract()	移除一个 RDD 中的内容(例如移除训练数据)	rdd.substract(other)	{1,2}
cartesian()	与另一个 RDD 的笛卡尔积	rdd.cartesian(other)	{(1,3),(1,4),…}

2. 常见行动操作(表 3-3)

表 3-3　对一个数据 {1,2,3,3} 的 RDD 进行基本的 RDD 行动操作

函数名	目的	示例	结果
collect()	返回 RDD 中的所有元素	rdd.collect()	{1,2,3,3}
count()	RDD 中的元素个数	rdd.count()	4
countByValue()	各结果在 RDD 中出现的次数	rdd.countByValue()	{(1,1),(2,1),(3,2)}
take(num)	从 RDD 中返回 num 个元素	rdd.take(2)	{1,2}
top(num)	从 RDD 中返回前面的 num 个元素	rdd.top(2)	{3,3}
takeOrdered(num)(ordering)	从 RDD 中按照提供的顺序返回最前面的 num 个元素	takeOrdered(2)(myOrdering)	{3,3}
takeSample(withReplacement,num,[seed])	从 RDD 中返回任意一些元素	rdd.takeSample(false,1)	非确定的
reduce(func)	并行整合 RDD 中的所有数据	rdd.fold(0)((x,y) => x+y)	9
fold(zero)(func)	和 reduce 一样,但是需要提供初始值	rdd.fold(0)((x,y) => x+y)	9
aggregate(zeroValue)(seqOp,combOp)	和 reduce 类似,但是通常返回不同的数据	rdd.aggregate((0,0))((x,y) => (x._1 + y, x._2 + 1), (x, y) => (x._1 + y._1, x._2 + y._2))	(9,4)
foreach(func)	对 RDD 中的每个元素使用给定的函数	rdd.foreach(func)	无

键值对 RDD 是指在 RDD 中存储的数据格式是以 key-value 形式存放的,类似于 Scala 中的字典。读取文件或者创建 RDD 后,需要调用 map 方法来转换为键值对形式。map 方法可以遍历 RDD 中的每一行数据,并进行处理。map 方法是一个转换操作。

【例 3-3】　调用 Map 方法处理 RDD 中的每一个元素。

代码如下:

```
package chapter3
```

```
import org.apache.spark.{SparkConf, SparkContext}

object SparkTest extends App {
    // 创建 SparkConf 对象
    val conf = new SparkConf().setAppName("实例1").setMaster("local")
    // 创建 SparkContext 对象
    val sc = new SparkContext(conf)
    sc.setLogLevel("error")
    val jobNameRDD = sc.parallelize(List("Python开发工程师","大数据开发工程师","视频开发工程师"))
    def func(jobName: String): String = {
        return "\t苹果公司招聘:" + jobName
    }
    println("map转换前的元素:")
    jobNameRDD.map(x => x).collect.foreach(c => println("\t" + c))
    println()
    println("map转换后的元素:")
    jobNameRDD.map(x => func(x)).collect.foreach(c => println(c))
}
```

运行结果如图 3-16 所示。

```
map转换前的元素:
        Python开发工程师
        大数据开发工程师
        视频开发工程师

map转换后的元素:
        苹果公司招聘:Python开发工程师
        苹果公司招聘:大数据开发工程师
        苹果公司招聘:视频开发工程师
```

图 3-16 运行结果

【例 3-4】 调用 Map 方法生成键值对 RDD。

代码如下：

```
package chapter3
import org.apache.spark.{SparkConf, SparkContext}

object SparkTest extends App {
```

```
    // 创建 SparkConf 对象
    val conf = new SparkConf().setAppName("实例1").setMaster("local")
    // 创建 SparkContext 对象
    val sc = new SparkContext(conf)
    sc.setLogLevel("error")
    val jobNameRDD = sc.parallelize(List("Python开发工程师","大数据开发工程师","视频开发工程师"))
    def func(jobName: String) = {
      ("苹果公司", jobName)
    }
    println("map 转换后的元素:")
    jobNameRDD.map(x => func(x)).collect.foreach(c => println(c))
}
```

运行结果如图 3-17 所示。

map转换后的元素:
(苹果公司,Python开发工程师)
(苹果公司,大数据开发工程师)
(苹果公司,视频开发工程师)

图 3-17 运行结果

3.4.6 使用 RDD 对平台职业数据进行处理

1. 使用 flatMap 算子对职位数据进行转换

flatMap 功能与 map 方法类似,可以遍历 RDD 中的每一行元素。不同的是,flatMap 能将不同层级的元素转到同一个层级。flatMap 方法是转换操作。

【例 3-5】 调用 Map 方法处理 RDD 中的每一个元素。

代码如下:

```
package chapter3
import org.apache.spark.{SparkConf, SparkContext}

object SparkTest extends App {
    // 创建 SparkConf 对象
    val conf = new SparkConf().setAppName("实例1").setMaster("local")
    // 创建 SparkContext 对象
    val sc = new SparkContext(conf)
```

```scala
sc.setLogLevel("error")

val jobNameRDD = sc.parallelize(List(
  "Python开发工程师,大数据开发工程师,视频开发工程师",
  "C++开发工程师,前端开发工程师",
  "爬虫开发工程师,Java开发工程师"))

println("调用 Map 转换的结果:")
val mapResult = jobNameRDD.map(x => x.split(",")).collect
mapResult.foreach(x => {
  println(x.getClass)
})
println()
println("调用 flatMap 转换的结果:")
val flatResult = jobNameRDD.flatMap(x => x.split(",")).collect
flatResult.foreach(x => println("\t" + x))
```

运行结果如图 3-18 所示。可以看到,调用 map 转换后每个元素是一个字符串的数组,调用 flatmap 转换后每个元素是具体的字符串。

```
调用Map转换的结果:
class [Ljava.lang.String;
class [Ljava.lang.String;
class [Ljava.lang.String;

调用flatMap转换的结果:
    Python开发工程师
    大数据开发工程师
    视频开发工程师
    C++开发工程师
    前端开发工程师
    爬虫开发工程师
    Java开发工程师
```

图 3-18　运行结果

2. 使用 sortBy 算子对职位数据进行排序

sortBy 方法是将 RDD 内的元素进行排序。该方法第一个参数指定根据什么来排序,第二个参数是指按升序还是降序排序,第三个参数排序后的分区个数。sortBy 方法是转换操作。

【例 3-6】 调用 sortBy 方法处理进行排序。

代码如下:

```
package chapter3
import org.apache.spark.{SparkConf, SparkContext}

object SparkTest extends App {
    // 创建 SparkConf 对象
    val conf = new SparkConf().setAppName("实例1").setMaster("local")
    // 创建 SparkContext 对象
    val sc = new SparkContext(conf)
    sc.setLogLevel("error")
    val jobNameRDD = sc.parallelize(List(
        ("Python 开发工程师", 6000),
        ("大数据开发工程师", 8000),
        ("视频开发工程师", 9000),
        ("开发工程师", 6500),
        ("爬虫开发工程师", 75000),
        ("Java 开发工程师", 92000),
        ("C++,前端开发工程师", 42000)))
    println("按升序排列")
    val result = jobNameRDD.sortBy(x => x._2, numPartitions = 1)
    result.foreach(x => println("\t" + x))
    println()
    println("按降序排列")
    val result1 = jobNameRDD.sortBy(x => x._2, false, 1)
    result1.foreach(x => println("\t" + x))
}
```

运行结果如图 3-19 所示。

3. 使用 take 算子对职位数据进行截取

take 和 collect 原理类似,collect 是返回 RDD 中的全部元素,take 是获取前几个元素。take 方法是行动操作。

【例 3-7】 调用 take 方法获取前 N 个数据。

代码如下:

按升序排列
  (Python开发工程师,6000)
  (开发工程师,6500)
  (大数据开发工程师,8000)
  (视频开发工程师,9000)
  (C++,前端开发工程师,42000)
  (爬虫开发工程师,75000)
  (Java开发工程师,92000)

按降序排列
  (Java开发工程师,92000)
  (爬虫开发工程师,75000)
  (C++,前端开发工程师,42000)
  (视频开发工程师,9000)
  (大数据开发工程师,8000)
  (开发工程师,6500)
  (Python开发工程师,6000)

图 3-19 运行结果

```
package chapter3
import org.apache.spark.{SparkConf, SparkContext}

object SparkTest extends App {
    // 创建 SparkConf 对象
    val conf = new SparkConf().setAppName("实例1").setMaster("local")
    // 创建 SparkContext 对象
    val sc = new SparkContext(conf)
    sc.setLogLevel("error")

    val jobNameRDD = sc.parallelize(List(
      ("Python开发工程师", 6000),
      ("大数据开发工程师", 8000),
      ("视频开发工程师", 9000),
      ("开发工程师", 6500),
      ("爬虫开发工程师", 75000),
```

```
    ("Java 开发工程师", 92000),
    ("C++,前端开发工程师", 42000)))

  val result1 = jobNameRDD.sortBy(x => x._2, false, 1).take(3)
  result1.foreach(x => println("\t" + x))
}
```

运行结果如图 3-20 所示,输出工资高的 3 种岗位。

(Java开发工程师,92000)
(爬虫开发工程师,75000)
(C++,前端开发工程师,42000)

图 3-20 运行结果

4. 使用 union 算子合并职位数据

union 函数可以将两个 RDD 合并,但是不会去重。union 方法是转换操作。

【例 3-8】 调用 union 方法获合并 RDD。

代码如下:

```
package chapter3
import org.apache.spark.{SparkConf, SparkContext}

object SparkTest extends App {
  // 创建 SparkConf 对象
  val conf = new SparkConf().setAppName("实例1").setMaster("local")
  // 创建 SparkContext 对象
  val sc = new SparkContext(conf)
  sc.setLogLevel("error")

  val jobNameRDD1 = sc.parallelize(List(
    ("Python 开发工程师", 6000),
    ("大数据开发工程师", 8000),
    ("视频开发工程师", 9000)
  ))

  val jobNameRDD2 = sc.parallelize(List(
    ("开发工程师", 6500),
    ("爬虫开发工程师", 75000),
    ("Java 开发工程师", 92000),
```

```
        ("C++,前端开发工程师",42000)))

    println("合并后的数据:")
    jobNameRDD1.union(jobNameRDD2).collect().foreach(x => println(x))
}
```

运行结果如图 3-21 所示。

合并后的数据:
(Python开发工程师,6000)
(大数据开发工程师,8000)
(视频开发工程师,9000)
(开发工程师,6500)
(爬虫开发工程师,75000)
(Java开发工程师,92000)
(C++,前端开发工程师,42000)

图 3-21 运行结果

5. 使用 distinct 算子对职位数据去重

distinct 去除 RDD 中重复的元素,并生成新的 RDD。distinct 方法是转换操作。

【例 3-9】 调用 distinct 方法获取重复元素。

代码如下:

```
package chapter3
import org.apache.spark.{SparkConf, SparkContext}

object SparkTest extends App {
    // 创建 SparkConf 对象
    val conf = new SparkConf().setAppName("实例 1").setMaster("local")
    // 创建 SparkContext 对象
    val sc = new SparkContext(conf)
    sc.setLogLevel("error")

    val jobNameRDD1 = sc.parallelize(List(
        ("Python 开发工程师", 6000),
        ("大数据开发工程师", 8000),
        ("视频开发工程师", 9000),
        ("开发工程师", 6500),
        ("爬虫开发工程师", 75000)
```

```
    ))
    val jobNameRDD2 = sc.parallelize(List(
      ("开发工程师", 6500),
      ("爬虫开发工程师", 75000),
      ("Java 开发工程师", 92000),
      ("C++,前端开发工程师", 42000)))

    println("合并并去重的数据:")
    jobNameRDD1.union(jobNameRDD2).distinct().collect().foreach(x => println(x))
}
```

运行结果如图 3-22 所示。

```
合并并去重的数据:
(大数据开发工程师,8000)
(C++,前端开发工程师,42000)
(爬虫开发工程师,75000)
(Python开发工程师,6000)
(开发工程师,6500)
(视频开发工程师,9000)
(Java开发工程师,92000)
```

图 3-22 运行结果

6. 使用 filter 算子过滤职位数据

filter 获取满足条件的数据。filter 方法是转换操作。

【例 3-10】 调用 filter 方法过滤数据。

代码如下:

```
package chapter3
import org.apache.spark.{SparkConf, SparkContext}

object SparkTest extends App {
  // 创建 SparkConf 对象
  val conf = new SparkConf().setAppName("实例 1").setMaster("local")
  // 创建 SparkContext 对象
  val sc = new SparkContext(conf)
  sc.setLogLevel("error")


  val jobNameRDD1 = sc.parallelize(List(
```

```
      ("Python 开发工程师", 6000),
      ("大数据开发工程师", 8000),
      ("视频开发工程师", 9000),
      ("开发工程师", 6500),
      ("爬虫开发工程师", 75000)
    ))

    val jobNameRDD2 = sc.parallelize(List(
      ("开发工程师", 6500),
      ("爬虫开发工程师", 75000),
      ("Java 开发工程师", 92000),
      ("C++,前端开发工程师", 42000)))

    println("过滤工资超过 7000 的岗位:")
    jobNameRDD1.union(jobNameRDD2).filter(c => c._2 > 7000).collect().foreach(x => println(x))
  }
```

运行结果如图 3-23 所示。

过滤工资超过7000的岗位:
(大数据开发工程师,8000)
(视频开发工程师,9000)
(爬虫开发工程师,75000)
(爬虫开发工程师,75000)
(Java开发工程师,92000)
(C++,前端开发工程师,42000)

图 3-23　运行结果

7. 使用 count 算子统计职位数据

count 用于计算 RDD 元素个数。count 方法是行动操作。

【例 3-11】　调用 count 方法计算元素个数。

代码如下:

```
package chapter3
import org.apache.spark.{SparkConf, SparkContext}


object SparkTest extends App {
  // 创建 SparkConf 对象
```

```
val conf = new SparkConf().setAppName("实例1").setMaster("local")
// 创建SparkContext对象
val sc = new SparkContext(conf)
sc.setLogLevel("error")

val jobNameRDD1 = sc.parallelize(List(
  ("Python开发工程师", 6000),
  ("大数据开发工程师", 8000),
  ("视频开发工程师", 9000),
  ("C++开发工程师", 6500),
  ("爬虫开发工程师", 75000)
))

val jobNameRDD2 = sc.parallelize(List(
  ("开发工程师", 6500),
  ("爬虫开发工程师", 75000),
  ("Java开发工程师", 92000),
  ("前端开发工程师", 42000)))

println("岗位个数:")
println(jobNameRDD1.union(jobNameRDD2).count())
}
```

运行结果如图3-24所示。

岗位个数:
9

图3-24 运行结果

8. 使用reduceByKey算子统计职位数

在一个RDD中,对同一个key进行统计是常见操作。reduceByKey就是对一个键值对RDD,对相同的key进行操作。在reduce的传入参数中,将同一个key的value进行计算后返回新的值,然后继续从RDD中取出同一个key的下一个值,再将这两个值传入reduce的函数进行相同计算,直到RDD中的key全部遍历完。reduceByKey是转换操作。

【例3-12】 调用reduceByKey方法计算元素个数。

代码如下:

```
package chapter3
import org.apache.spark.{SparkConf, SparkContext}
```

```scala
object SparkTest extends App {
    //  创建 SparkConf 对象
    val conf = new SparkConf().setAppName("实例1").setMaster("local")
    //  创建 SparkContext 对象
    val sc = new SparkContext(conf)
    sc.setLogLevel("error")

    val jobNameRDD1 = sc.parallelize(List(
        ("Python 开发工程师", 6000),
        ("大数据开发工程师", 8000),
        ("视频开发工程师", 9000),
        ("C++开发工程师", 6500),
        ("爬虫开发工程师", 75000)
    ))

    val jobNameRDD2 = sc.parallelize(List(
        ("开发工程师", 6500),
        ("爬虫开发工程师", 75000),
        ("Java 开发工程师", 92000),
        ("前端开发工程师", 42000)))

    println("统计每个岗位个数:")
    var jobNameRDD3 = jobNameRDD1.union(jobNameRDD2).map(c => (c._1, 1))
    jobNameRDD3.reduceByKey((x, y) => x + y).collect().foreach(println)
}
```

运行结果如图 3-25 所示。

统计每个岗位个数：
(爬虫开发工程师, 2)
(大数据开发工程师, 1)
(视频开发工程师, 1)
(C++开发工程师, 1)
(Java开发工程师, 1)
(前端开发工程师, 1)
(Python开发工程师, 1)
(开发工程师, 1)

图 3-25 运行结果

9. 使用 groupByKey 算子统计职位数

groupByKey,是对同一个 key 进行分组,并返回对应的 value 的列表。groupByKey 方法是转换操作。

【例 3-13】 调用 groupByKey 方法计算元素个数。

代码如下:

```scala
package chapter3
import org.apache.spark.{SparkConf, SparkContext}

object SparkTest extends App {
  // 创建 SparkConf 对象
  val conf = new SparkConf().setAppName("实例1").setMaster("local")
  // 创建 SparkContext 对象
  val sc = new SparkContext(conf)
  sc.setLogLevel("error")

  val jobNameRDD1 = sc.parallelize(List(
    ("微软技术公司", "Python 开发工程师", 6000),
    ("三星科技公司", "大数据开发工程师", 8000),
    ("思科系统公司", "视频开发工程师", 9000),
    ("通用汽车公司", "开发工程师", 6500),
    ("微软技术公司", "爬虫开发工程师", 75000)
  ))

  val jobNameRDD2 = sc.parallelize(List(
    ("思科系统公司", "网络开发工程师", 6500),
    ("甲骨文系统公司", "数据库开发工程师", 75000),
    ("微软技术公司", "搜索引擎开发工程师", 92000),
    ("苹果科技公司", "IOS 开发工程师", 42000)))

  println("统计每个公司都在招聘的职位:")
  var jobNameRDD3 = jobNameRDD1.union(jobNameRDD2).map(c => (c._1, c._2))
  jobNameRDD3.groupByKey().collect().foreach(println)
}
```

运行结果如图 3-26 所示。

10. 使用 zip 算子组合职位数据

zip 是将两个 RDD 转换成一个键值对的 RDD。zip 方法是转换操作。

【例 3-14】 调用 zip 方法啮合两个 RDD。

代码如下:

统计每个公司都在招聘的职位:
(微软技术公司,CompactBuffer(Python开发工程师, 爬虫开发工程师, 搜索引擎开发工程师))
(思科系统公司,CompactBuffer(视频开发工程师, 网络开发工程师))
(苹果科技公司,CompactBuffer(IOS开发工程师))
(三星科技公司,CompactBuffer(大数据开发工程师))
(通用汽车公司,CompactBuffer(开发工程师))
(甲骨文系统公司,CompactBuffer(数据库开发工程师))

图 3-26 运行结果

```scala
package chapter3
import org.apache.spark.{SparkConf, SparkContext}

object SparkTest extends App {
  // 创建 SparkConf 对象
  val conf = new SparkConf().setAppName("实例1").setMaster("local")
  // 创建 SparkContext 对象
  val sc = new SparkContext(conf)
  sc.setLogLevel("error")

  val jobNameRDD1 = sc.parallelize(List(
    ("Python开发工程师", 6000),
    ("大数据开发工程师", 8000),
    ("视频开发工程师", 9000),
    ("开发工程师", 6500),
    ("爬虫开发工程师", 75000),
    ("网络开发工程师", 6500),
    ("数据库开发工程师", 75000),
    ("搜索引擎开发工程师", 92000),
    ("IOS开发工程师", 42000)
  ))

  val jobNameRDD2 = sc.parallelize(List("微软技术公司","三星科技公司","思科系统公司",
    "通用汽车公司","微软技术公司","思科系统公司",
    "甲骨文系统公司","微软技术公司","苹果科技公司"))

  println("统计每个公司都在招聘的职位:")
  var jobNameRDD3 = jobNameRDD1.zip(jobNameRDD2)
  jobNameRDD3.collect().foreach(println)

}
```

运行结果如图 3-27 所示。

```
统计每个公司都在招聘的职位:
((Python开发工程师,6000),微软技术公司)
((大数据开发工程师,8000),三星科技公司)
((视频开发工程师,9000),思科系统公司)
((开发工程师,6500),通用汽车公司)
((爬虫开发工程师,75000),微软技术公司)
((网络开发工程师,6500),思科系统公司)
((数据库开发工程师,75000),甲骨文系统公司)
((搜索引擎开发工程师,92000),微软技术公司)
((IOS开发工程师,42000),苹果科技公司)
```

图 3-27 运行结果

11. 使用 join 算子连接职位数据

join 操作是内连接,就和写 sql 语句的 join 操作一样,将相同 key 的元素取出。join 方法是转换操作。

【例 3-15】 调用 join 方法连接两个 RDD。

代码如下:

```
package chapter3
import org.apache.spark.{SparkConf, SparkContext}

object SparkTest extends App {
    // 创建 SparkConf 对象
    val conf = new SparkConf().setAppName("实例 1").setMaster("local")
    // 创建 SparkContext 对象
    val sc = new SparkContext(conf)
    sc.setLogLevel("error")

    val jobNameRDD1 = sc.parallelize(List(
      ("微软技术公司","Python 开发工程师"),
      ("三星科技公司","大数据开发工程师"),
      ("思科系统公司","视频开发工程师"),
      ("通用汽车公司","开发工程师"),
      ("微软技术公司","爬虫开发工程师")
    ))

    val jobNameRDD2 = sc.parallelize(List(
```

```
            ("思科系统公司","网络开发工程师"),
            ("甲骨文系统公司","数据库开发工程师"),
            ("微软技术公司","搜索引擎开发工程师"),
            ("苹果科技公司","IOS开发工程师")))

    println("统计每个公司都在招聘的职位:")
    var jobNameRDD3 = jobNameRDD1.join(jobNameRDD2)
    jobNameRDD3.collect().foreach(println)
  }
```

运行结果如图 3-28 所示。

统计每个公司都在招聘的职位:
(微软技术公司,(Python开发工程师,搜索引擎开发工程师))
(微软技术公司,(爬虫开发工程师,搜索引擎开发工程师))
(思科系统公司,(视频开发工程师,网络开发工程师))

图 3-28 运行结果

12. 使用 combineByKey 算子统计职位数据

combineByKey 用于将相同键的数据进行聚合,并且可以返回与输入类型不同的返回值。combineByKey 方法是一个转换操作。

combineByKey 方法常用参数如下:

(1) createCombiner:V => C,V 是 RDD 中的值部分,意思是:将 V 类型的数据转换成 C 类型的数据,并将 C 作为每一个键的累加器的初始值。

(2) mergeValue:(C,V) => C,把元素 V 合并到之前的 C 上,操作在各自的分区中进行。

(3) mergeCombiners:(C,C) => C,把两个元素 C 合并。

该操作会遍历 RDD 中的所有元素,每个元素是一个键值对形式,因此,每个元素的键只有两种情况:已经被遍历了和没有被遍历。

(4) 对于没有被遍历的键,调用 createCombiner 方法,createCombiner 会对每一个键设置一个初始值。比如 1,10,100,a,b,c 有具体意义的都行。

(5) 对于已经被遍历过的键,调用 mergeValue 方法,对该键的累加器,对应的当前值,与新值进行合并。也就是:本次遍历到的 key 的值和上一次的初始值进行合并。

【例 3-16】 分组求和。

代码如下:

```
package chapter3
import org.apache.spark.{SparkConf,SparkContext}
```

```scala
object SparkTest extends App {
  //  创建 SparkConf 对象
  val conf = new SparkConf().setAppName("实例1").setMaster("local")
  //  创建 SparkContext 对象
  val sc = new SparkContext(conf)
  sc.setLogLevel("error")

  val jobNameRDD1 = sc.parallelize(List(
    ("Python 开发工程师", 6000),
    ("大数据开发工程师", 8000),
    ("视频开发工程师", 9000),
    ("C++开发工程师", 6500),
    ("爬虫开发工程师", 75000)
  ))

  val jobNameRDD2 = sc.parallelize(List(
    ("爬虫开发工程师", 6500),
    ("Python 开发工程师", 75000),
    ("开发工程师", 92000),
    ("前端开发工程师", 42000)))
  val jobNameRDD3 = jobNameRDD1.union(jobNameRDD2)
  //  第一次遍历到爬虫开发工程师,就将调用 count 函数,将爬虫开发工程师标记为(1,1)
  //  第一个 1,是爬虫开发工程师的值
  //  第二次遍历到爬虫开发工程师,就调用(acc:(Int,Int),count)函数,
  //  该函数取出当前键值对的值部分和第一次计算那一个键值对的值进行求和,
  //  然后将爬虫开发工程师的出现次数加 1
  //  第三次遍历到爬虫开发工程师,仍然调用(acc:(Int,Int),count)函数,
  //  第三次的值和第二次求和算出的值继续相加,出现次数继续加 1
  //  (acc1:(Int,Int),acc2:(Int,Int))是当同一个 key 处在不同分区就会调用该方法
  //  该方法第一部分是将同一个 key 的值部分求和,第二部分是将出现次数求和
  val data = jobNameRDD3.combineByKey(
    count => (count, 1),
    (acc:(Int,Int), count) => (acc._1 + count, acc._2 + 1),
    (acc1:(Int,Int), acc2:(Int,Int)) => (acc1._1 + acc2._1, acc1._2 + acc2._2))
  println("计算每个岗位的平均工资:")
  data.map(x => (x._1, x._2._1.toDouble / x._2._2)).collect.foreach(println)
}
```

运行结果如图 3-29 所示。

```
计算每个岗位的平均工资：
(爬虫开发工程师, 40750.0)
(大数据开发工程师, 8000.0)
(视频开发工程师, 9000.0)
(C++开发工程师, 6500.0)
(前端开发工程师, 42000.0)
(Python开发工程师, 40500.0)
(开发工程师, 92000.0)
```

图 3-29　运行结果

3.5　典型工作环节 5：使用 RDD 统计平台职位数据

通过"职业能力大数据分析服务平台"案例，使用 RDD 进行统计分析平台相关职位数据，进一步掌握 RDD 的使用。

3.5.1　统计全国所有职位总数

图 3-30 是关于职位的数据集。包括：职位编号、职位名称、薪资范围、工作区域、职位简述、工作年限、学历要求及职位详情等。

```
1  152462481    综合岗    3500    5000    重庆    全区域    全职
金融,证券,投资    1年 大专及以上
<br>岗位职责<br>1、协助部门各岗完成各类资料、文档的整理、资料的撰写及准备
工作；  2、负责部门台账登记工作；  3、配合完成合同的修订、审批、签订工作；
4、协助各岗完成各类文档归档工作等其他日常事务性工作；
5、具有较强的沟通协调能力、创新能力、管理能力、信息整合能力、问题解决能力
、书面表达能力、责任心、全局意识、保密意识、思维灵活性、职业敏感度强。
<br><br>任职要求年龄要求：<br>24-35
岁1、行政管理及汉语言文学类专业优先；2、英语四级及以上者优先；3、具备基础
办公软件操作能力，计算机1级及以上资格认证者优先； 4、1年及以上同类工作经验
优先；  <br>
http://www.hrm.cn/jobs/108b029d-589e-4cc1-bbc7-c67f875b58b0.html
                      公司    www.hrm.cn-联英人才网    2019-04-21  2019-04-22
00:05:06
```

图 3-30　数据格式

本示例需要完成统计当前数据集中全国所有的职位总数。原始数据集在随书源码对应的数据目录下，cqbigdata_job.csv 文件内。

【例 3-17】 读取 CSV 文件计算数据总数。

代码如下：

```scala
package chapter3
import org.apache.spark.{SparkConf, SparkContext}

object SparkTest extends App {
  // 创建 SparkConf 对象
  val conf = new SparkConf().setAppName("实例1").setMaster("local")
  // 创建 SparkContext 对象
  val sc = new SparkContext(conf)
  sc.setLogLevel("error")

  var jobRDD = sc.textFile("D:\\cqbigdata_job.csv")
  var count = jobRDD.count()
  println("整个数据集中数据总数:" + count)
}
```

运行结果如图 3-31 所示。

整个数据集中数据总数：1000

图 3-31 运行结果

3.5.2 统计发布职位最多的 5 个地区

在原始数据集中，第 4 列表示工作区域。通过将数据转换为键值对的形式，以区域为 key，然后调用 reduceByKey 计算每个组的个数，之后在将区域进行排序，即可取得发布职位数最多的 5 个区域。

【例 3-18】 分组排序。

代码如下：

```scala
package chapter3
import org.apache.spark.{SparkConf, SparkContext}

object SparkTest extends App {
  // 创建 SparkConf 对象
  val conf = new SparkConf().setAppName("实例1").setMaster("local")
  // 创建 SparkContext 对象
  val sc = new SparkContext(conf)
```

```
          sc.setLogLevel("error")

    var jobRDD = sc.textFile("D:\\cqbigdata_job.csv")
    var pariRDD = jobRDD.map(line => {
      var data = line.split("\t")
      (data(4), 1)
    })
    var sumRDD = pariRDD.reduceByKey((x, y) => x + y)
    var sortRDD = sumRDD.sortBy(x => x._2, false, 1)
    println("招聘职位最多的 5 个区域:")
    sortRDD.take(5).foreach(println)
}
```

运行结果如图 3-32 所示。

招聘职位最多的5个区域:
(重庆, 268)
(深圳, 117)
(广州, 80)
(合肥, 41)
(上海, 37)

图 3-32 运行结果

3.5.3 统计各地区职位数占比

根据例 3-17,可以得知数据集中岗位个数有 1 000 条;根据例 3-18,可以求得各区域的职位数。融合例 3-17 和例 3-18,在本例中自定义函数,通过 map 方法去调用自定义函数即可求得每个区域的比例。

【例 3-19】 求各区域比例。

代码如下:

```
package chapter3
import org.apache.spark.{SparkConf, SparkContext}

object SparkTest extends App {
    // 创建 SparkConf 对象
    val conf = new SparkConf().setAppName("实例 1").setMaster("local")
```

```
//  创建SparkContext对象
val sc = new SparkContext(conf)
sc.setLogLevel("error")

var jobRDD = sc.textFile("D:\\cqbigdata_job.csv")
var pariRDD = jobRDD.map(line => {
  var data = line.split("\t")
  (data(4), 1)
})
var sumRDD = pariRDD.reduceByKey((x, y) => x + y)

def getScale(area: String, count: Int) = {
  (area, count.asInstanceOf[Double] / 1000)
}

var scaleRDD = sumRDD.map(item => getScale(item._1, item._2))
var sortRDD = scaleRDD.sortBy(x => x._2, false, 1)
sortRDD.foreach(println)
}
```

运行结果如图 3-33 所示。

(重庆, 0.268)
(深圳, 0.117)
(广州, 0.08)
(合肥, 0.041)
(上海, 0.037)
(西安, 0.034)
(成都, 0.034)
(杭州, 0.033)
(北京, 0.031)
(武汉, 0.029)

图 3-33 运行结果

3.5.4 筛选职位数据

【例 3-20】 筛选位于重庆地区且要求本科学历的职位数据。

代码如下：

```scala
package chapter3
import org.apache.spark.{SparkConf,SparkContext}

object SparkTest extends App {
  // 创建 SparkConf 对象
  val conf = new SparkConf().setAppName("实例 1").setMaster("local")
  // 创建 SparkContext 对象
  val sc = new SparkContext(conf)
  sc.setLogLevel("error")

  var jobRDD = sc.textFile("D:\\Spark 大数据开发\\随书源码\\第 3 章\\数据\\cqbigdata_job.csv")
  var listRDD = jobRDD.map(line => {
    var data = line.split("\t")
    data
  })
  listRDD.filter(c => c(4).contains("重庆") && c(7).contains("专")).foreach(c => {
    println("地区:" + c(4) + ",学历:" + c(7) + ",岗位名称:" + c(1))
  })
}
```

运行结果如图 3-34 所示。

```
地区：重庆，学历：财会,咨询,人力资源,专业服务,岗位名称:项目督导
地区：重庆，学历：财会,咨询,人力资源,专业服务,岗位名称:营销专员1名
地区：重庆，学历：财会,咨询,人力资源,专业服务,岗位名称:税务助理
```

图 3-34 运行结果

3.6 归纳总结与拓展提高

本工作情景主要介绍了 RDD 的架构原理、RDD 间的依赖关系以及阶段的划分逻辑。通过多个实例演示了在不同场景下如何统计职位数据，以实现相关业务。最后通过 4 个实例，

演示了利用"职业能力分析大数据服务平台"的部分数据来综合应用 Spark 的各类 API。

3.7 课后练习

选择题

1. SPARK RDD 是（　　）。［多选］

A. 弹性分布式数据集的缩写

B. 一个可分区的分布式数据集

C. 一种并行数据结构，一个 RDD 可包含多个分区

D. 可以在内存中进行利用，以提高数据处理效率，但没有数据容错机制

2. 关于 SPARK RDD 窄依赖说法正确的是（　　）。［多选］

A. RDD 对象上的依赖关系分为宽依赖与窄依赖

B. 子 RDD 的一个分区对应一个或多个父 RDD 的分区

C. 一个父 RDD 的分区只对应一个子 RDD 的分区

D. 父 RDD 的分区与子 RDD 的分区只能是一对一关系

3. 以下哪个不是 RDD 的特点？（　　）

A. 可分区　　　　　　　　　　　　B. 可序列化

C. 可修改　　　　　　　　　　　　D. 可持久化

4. 以下哪两种属于 RDD 的创建方式？（　　）［多选］

A. 通过内存的数据创建　　　　　　B. 通过读取文件创建

C. 通过 HDFS 创建　　　　　　　　D. 通过 python 创建

5. 以下哪些属于 Spark RDD 的常用算子？（　　）［多选］

A. map　　　　　　　　　　　　　B. mapPartitions

C. until　　　　　　　　　　　　　D. foreach

6. 以下哪些是 RDD 的缓存方法？（　　）［多选］

A. persist( )　　　　　　　　　　　B. cache( )

C. memory( )　　　　　　　　　　D. buffer

7. Spark 默认调度模式（　　）。

A. 先进先出　　　　　　　　　　　B. 公平调度

C. 根据条件调整　　　　　　　　　D. 运行时指定

8. 以下操作一定属于宽依赖的是（　　）。

A. map　　　　　　　　　　　　　B. reduceByKey

C. flatMap　　　　　　　　　　　　D. reduce

9. 以下操作一定属于窄依赖的是（　　）。

A. map　　　　　　　　　　　　　B. reduceByKey

C. flatMap   D. reduce

10. 以下操作可能属于窄依赖,也可能属于宽依赖的是(　　)。

A. map   B. reduceByKey

C. flatMap   D. reduce

11. Spark 任务是在(　　)运行的。

A. 驱动器节点   B. 主节点

C. 集群管理器   D. 工作节点

12. 以下关于 RDD 说法错误的是(　　)。[多选]

A. RDD 是数据行的集合   B. RDD 支持行级修改

C. RDD 不支持修改   D. RDD 只能在创建时得到

Spark 大数据开发

学习情境四
使用 Spark SQL 分析用人单位数据

项目概述

Spark SQL 是 Spark 用来处理结构化数据的一个模块,它提供了一种通用的访问多种数据源的方式。Spark SQL 采用了 DataFrame 的可编程抽象数据模型(即带有 Schema 信息的 RDD),并且可被视为一个分布式的 SQL 查询引擎,支持用户在 Spark SQL 中执行 SQL 语句,实现对结构化数据的处理。

学习目标

(1)了解 Hive 和 Spark SQL 的发展历程;
(2)掌握系统环境的搭建、导入数据到 Hive、使用 Spark SQL 分析数据。

4.1 典型工作环节1:需求分析

王华,李强和向宏是今年的毕业生。在找工作时,王华想了解招聘企业中不同类型的企业数目;李强想了解不同省份招聘企业的数目;向宏想知道重庆用人单位及每家单位的需求职位数。

4.2 典型工作环节2:步骤分析

用人单位信息是结构化数据,首先需要把用人单位信息保存起来。Hive 是基于 Hadoop

的一个数据仓库工具,用来进行数据提取、转化、加载,这是一种可以存储、查询和分析存储在 Hadoop 中的大规模数据的机制。Hive 数据仓库工具能将结构化的数据文件映射为一张数据库表,并提供 SQL 查询功能,能将 SQL 语句转变成 MapReduce 任务来执行。

Spark SQL 是 Spark 中用于结构化数据处理的组件,它提供了一种通用的访问多种数据源的方式。Spark SQL 提供了 DataFrame 对象来表达与操作结构化数据,DataFrame 支持用户在 Spark SQL 中执行 SQL 语句,实现了对结构化数据的处理。因此,完成对用人单位性质、职位数、所在城市等数据的分析需以下四步。

第一步:了解 Spark SQL 和 Hive。
第二步:安装环境。
第三步:导入数据。
第四步:使用 Spark SQL 分析平台数据。

4.3 典型工作环节 3:认识 Hive 和 Spark SQL

4.3.1 认识 Hive

Hive 是一个构建在 Hadoop 之上的数据仓库工具,可以支持大规模数据存储、分析,具有良好的可扩展性,因此使用 Hive 存储用人单位信息。

一般可以将数据类软件系统分为两类:联机事务处理系统(OLTP)和联机事务分析系统(OLAP)。联机事务处理系统,主要应用场景是数据存储与数据管理,常见于普通的数据管理系统,数据在随时变化;联机事务分析系统,主要应用场景是数据分析,比如数据仓库,存储的是历史数据(或长期不变的数据)。Hive 是为联机事务分析而设计的,因此不提供实时查询和基于行级的数据更新操作。Hive 的最佳实践是处理大数据集的作业,例如用户行为分析。

Hive 主要解决非关系型数据查询问题,可以将结构化的数据文件映射为一张数据库表,并提供了 HiveQL 语法进行查询,HiveQL 与普通的 SQL 语法类似。Hive 可以将 SQL 语句转换为 MapReduce 任务运行,由此给 Hadoop 提供了额外的数据查询能力。Hive 将用户编写的 HiveQL 语句,通过自带的解释器转为 MapReduce 作业提交到 Hadoop 集群上,然后由 Hadoop 监控任务的整个执行过程,最后将任务执行结果反馈给用户。

4.3.2 认识 Spark SQL

Shark 是 Spark SQL 的前身,它提供了类似 Hive 的功能。与 Hive 不同的是,Shark 把 SQL 语句转换成 Spark 作业,而不是 MapReduce 作业。为了实现与 Hive 兼容,Shark 重用了 Hive 中的 HiveQL 解析、逻辑执行计划翻译、执行计划优化等逻辑,可以近似认为 Shark 仅将物理执行计划从 MapReduce 作业替换成了 Spark 作业,也就是通过 Hive 的 HiveQL 解析功能,把 HiveQL 翻译成 Spark 上的 RDD 操作。Shark 使得 SQL-on-Hadoop 的性能比 Hive 有了 10~100 倍的提高。

Shark 的设计也存在一些缺陷,例如执行计划优化完全依赖于 Hive,不方便添加新的优化策略。Shark 在兼容 Hive 的实现上存在线程安全问题,导致 Shark 不得不使用另外一套独立维护的、打了补丁的 Hive 源码分支。Shark 的实现继承了大量的 Hive 代码,因而给优化和维护带来了大量的麻烦,特别是基于 MapReduce 部分。因此,2014 年 Shark 项目终止,转向 Spark SQL 的开发。

Spark SQL 拥有如下特点。

(1)易整合:Spark SQL 允许用户使用 SQL 或熟悉的 DataFrame API 在 Spark 程序中查询结构化数据。支持使用 Java、Scala、Python 和 R 编程语言。

(2)统一数据访问:DataFrames 和 SQL 提供了访问各种数据源的常用方法,包括 Hive、Avro、Parquet、ORC、JSON 和 JDBC。用户还可以在程序中交叉导入数据。

(3)集成 Hive:Spark SQL 支持 HiveQL 语法以及 Hive SerDes 和 UDF,允许用户访问现有的 Hive 仓库。

(4)标准的数据连接:支持使用行业标准的 JDBC 和 ODBC 访问数据源。

Spark SQL 提供了一个叫作 DataFrame 的数据类型来表示结构化数据。用户可以在 Spark SQL 中执行 SQL 语句,数据既可以来自 RDD,也可以来自 Hive、HDFS 等外部数据源,还可以是 JSON 格式的数据。Spark SQL 目前支持 Scala、Java、Python 等编程语言。

RDD 是分布式的 Java 对象的集合,但是,对象内部结构对于 RDD 而言不可知。DataFrame 是一种以 RDD 为基础的分布式数据集,提供了详细的结构信息,就相当于关系数据库的一张表。采用 RDD 时,每个 RDD 元素都是一个 Java 对象,但是无法直接看到对象的内部结构信息,而采用 DataFrame,对象内部结构信息就一目了然,还可以看到对象的字段及字段的数据类型。

从使用上看,DataFrame 的 API 提供了更加友好的 API,使编程更为容易。另外 DataFrame 更像数据库中的表,具有行列信息,可以避免 Spark 引擎在执行的时候,过多地去推断数据类型,因此比直接使用普通的 RDD 效率更高。与 RDD 相同的是,DataFrame 也是"惰性的",也分转换操作与行动操作,任务执行仍然需要生成 DAG、划分阶段等。

4.4 典型工作环节 4:系统开发环境搭建

要利用 Spark SQL-Hive 分析数据,需要安装使用 Hive。此外,Hive 是一个构建在 Hadoop 之上的数据仓库工具,因此需要安装 Hadoop。同时就必须了解 HDFS,因为 Hive 自身不存储数据,而是存在 HDFS 上。由于 Hive 的元数据是单独存在关系型数据库中,因此为配置 Hive 环境,还需安装 MySQL。

4.4.1 安装 MySQL

MySQL 安装步骤如下。

步骤 1：获取 MySQL 仓库源。

```
wget http://dev.mysql.com/get/mysql57-community-release-el7-8.noarch.rpm
```

步骤 2：安装源。

```
yum localinstall mysql57-community-release-el7-8.noarch.rpm
```

步骤 3：检查 MySQL 源是否安装成功。

```
yum repolist enabled | grep "mysql.*-community.*"
```

若显示 MySQL 信息，则表示安装成功。

步骤 4：安装 MySQL。

```
yum install mysql-community-server
```

步骤 5：启动 MySQL 服务。

```
systemctl start mysqld
```

步骤 6：查找临时密码。

```
grep 'temporary password' /var/log/mysqld.log
```

步骤 7：登录 MySQL，输入临时密码。

```
mysql -u root -p
```

步骤 8：修改 MySQL 密码并使之生效。

```
set password for 'root'@'localhost' = password('这里输入自己的密码');
GRANT ALL PRIVILEGES ON *.* TO 'root'@'%' IDENTIFIED BY '这里输入自己的密码';
```

4.4.2 安装 Hive

Hive 是一款开源、免费的软件，可以随意使用。从官网下载 Hive：

```
apache-hive-2.3.4-bin.tar.gz
```

然后将程序上传到 Linux 系统，开始安装，步骤如下。

步骤 1：解压程序并重命名。

```
tar -zxvf apache-hive-2.3.4-bin.tar.gz -C /usr/local
cd /usr/local
mv apache-hive-2.3.4-bin hive
```

步骤 2：添加环境变量。

```
vi ~/.bashrc
export HIVE_HOME=/usr/local/hive
source ~/.bashrc
```

步骤 3：启用 hive-site.xml 文件。

```
cd /usr/local/hive/conf
mv hive-default.xml.template hive-default.xml
```

步骤 4：在 hive-site.xml 文件中配置 MySQL 数据库的连接信息。

Javax.jdo.option.ConnectionPassword：是指 Hive 连接 Mysql 的用户名的密码。

```xml
<?xml version="1.0" encoding="UTF-8" standalone="no"?>
<?xml-stylesheet type="text/xsl" href="configuration.xsl"?>
<configuration>
  <property>
    <name>Javax.jdo.option.ConnectionURL</name>
    <value>jdbc:mysql://localhost:3306/hive?createDatabaseIfNotExist=true</value>
    <description>JDBC connect string for a JDBC metastore</description>
  </property>
  <property>
    <name>Javax.jdo.option.ConnectionDriverName</name>
    <value>com.mysql.jdbc.Driver</value>
    <description>Driver class name for a JDBC metastore</description>
  </property>
  <property>
    <name>Javax.jdo.option.ConnectionUserName</name>
    <value>hive</value>
    <description>username to use against metastore database</description>
  </property>
  <property>
    <name>Javax.jdo.option.ConnectionPassword</name>
    <value>hive</value>
    <description>password to use against metastore database</description>
  </property>
</configuration>
```

其中,代码:

(1) jdbc:mysql://localhost:3306/hive? createDatabaseIfNotExist = true 指 Hive 连接的数据库。

(2) Javax.jdo.option.ConnectionUserName 指 Hive 连接 MySQL 的用户名。

步骤 5:拷贝 MySQL 驱动到 Hive。

```
tar -zxvf mysql-connector-Java-5.1.40.tar.gz
cp mysql-connector-Java-5.1.40-bin.jar  /usr/local/hive/lib
```

步骤 6:在 Linux Shell 中输入如下命令验证安装。

```
hive
```

执行结果如图 4-1 所示,表示安装正常。

```
2019-03-26 08:54:27,033 WARN  [7ca55627-6370-467d-a24c-4c16b8601ae1 main] DataNucleus.MetaData: Metadata has jdbc-typ
2019-03-26 08:54:27,033 WARN  [7ca55627-6370-467d-a24c-4c16b8601ae1 main] DataNucleus.MetaData: Metadata has jdbc-typ
Hive Session ID = fc217b63-ba77-4b97-ba20-a16af495c438
Hive-on-MR is deprecated in Hive 2 and may not be available in the future versions. Consider using a different execut
hive>
```

图 4-1 hive shell

4.4.3 安装 Hadoop

从官网下载以下版本后,开始安装 Hadoop,步骤如下。

```
hadoop-2.9.2.tar.gz
```

步骤 1:解压软件。

```
tar zxvf  hadoop-2.9.2.tar.gz  -C  /opt
cd /opt
mv hadoop-2.9.2 hadoop
```

步骤 2:编辑 Hadoop 目录下 etc/hadoop/core-site.xml,添加以下内容。

```
<configuration>
    <property>
        <name>hadoop.tmp.dir</name>
        <value>file:/usr/local/hadoop/tmp</value>
        <description>Abase for other temporary directories.</description>
    </property>
    <property>
        <name>fs.defaultFS</name>
```

```xml
        <value>hdfs://localhost:9000</value>
    </property>
</configuration>
```

步骤3：编辑 Hadoop 目录下 etc/hadoop/hdfs-site.xml，添加以下内容。

```xml
<configuration>
    <property>
        <name>dfs.replication</name>
        <value>1</value>
    </property>
    <property>
        <name>dfs.namenode.name.dir</name>
        <value>file:/usr/local/hadoop/tmp/dfs/name</value>
    </property>
    <property>
        <name>dfs.datanode.data.dir</name>
        <value>file:/usr/local/hadoop/tmp/dfs/data</value>
    </property>
    <property>
        <name>dfs.webhdfs.enabled</name>
        <value>true</value>
    </property>
</configuration>
```

步骤4：编辑 Hadoop 目录下 etc/hadoop/mapred-site.xml，添加以下内容。

```xml
<configuration>
    <property>
        <name>mapreduce.framework.name</name>
        <value>yarn</value>
    </property>
</configuration>
```

步骤5：编辑 Hadoop 目录下 etc/hadoop/yarn-site.xml，添加以下内容。

```xml
<configuration>
    <property>
        <name>yarn.resourcemanager.hostname</name>
        <value>localhost</value>
    </property>
    <property>
```

```xml
            <name>yarn.nodemanager.aux-services</name>
            <value>mapreduce_shuffle</value>
    </property>
</configuration>
```

4.4.4 Spark 集成 Hive

集成步骤如下。

步骤 1:编辑 spark-env.sh。

```
vi /usr/local/spark/conf/spark-env.sh
```

添加以下内容。

```
export CLASSPATH=$CLASSPATH:/opt/hive/lib
export SPARK_CLASSPATH=/opt/hive/lib/mysql-connector-java-5.1.45-bin.jar
export HIVE_CONF_DIR=/opt/hive
```

步骤 2:拷贝 Hive 配置文件到 Spark 的 conf 目录下。

```
cp /opt/hive/conf/hive-site.xml /usr/local/spark/conf
```

步骤 3:启动 Hadoop,Spark。

```
cd /opt/hadoop
./bin/hadoop namenode -format
./sbin/start-dfs.sh

cd /usr/local/spark
./sbin/start-all.sh
```

步骤 4:启动 Hive,创建数据库并查看。

```
cd /opt/hive
./bin/hive
create database mydb;
show databases;
```

Hive 中的数据库如图 4-2 所示。

```
hive> show databases;
OK
default
hwadee
mydb
Time taken: 0.026 seconds, Fetched: 3 row(s)
```

图 4-2 Hive 的数据库

步骤 5:启动 Spark SQL,查看 Hive 的数据库。

```
cd /usr/local/spark/
./bin/spark-sql
show databases;
```

如图 4-3 所示,在 Spark SQL 中可以看到 Hive 中的数据库。

```
default
hwadee
mydb
Time taken: 0.046 seconds, Fetched 3 row(s)
```

图 4-3　Spark SQL 中的 Hive 数据库

4.5　典型工作环节 5：导入数据到 Hive

Hive 是一个构建在 Hadoop 之上的数据仓库工具,可以支持大规模数据存储、分析,具有良好的可扩展性。在某种程度上,Hive 可以看作是用户编程接口,它本身不存储和处理数据,而是依赖于分布式文件系统 HDFS 实现数据的存储,依赖于分布式并行计算模型 MapReduce 来对数据进行处理。

步骤 1:将随书源码数据导入步骤如下。对应章节下的数据目录的文件上传到虚拟机,并存入 HDFS。其中,cqbigdata_company.csv 文件是职业能力平台中管理企业信息的表的数据,cqbigdata_job.csv 则是管理岗位的数据。

```
cd /opt/hadoop-2.9.2
./bin/hdfs dfs -mkdir -p /user/hadoop/spark/chapter6
./bin/hdfs dfs -put /opt/data/job/cqbigdata_company.csv /user/hadoop/spark/chapter6
./bin/hdfs dfs -put /opt/data/job/cqbigdata_job.csv /user/hadoop/spark/chapter6
```

然后在 HDFS 上查看,如图 4-4 所示。

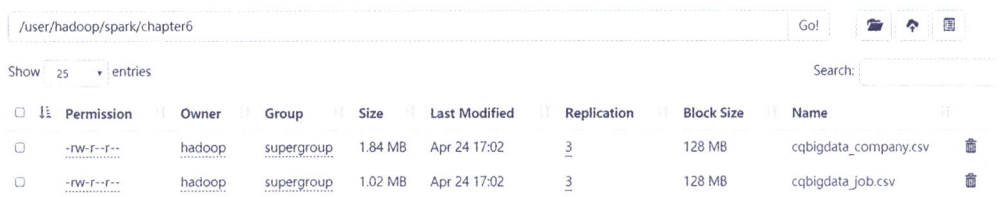

图 4-4　HDFS 上的文件

步骤 2：在 Hive 中创建数据表，用于存储公司数据，在 Hive shell 中执行如下命令。

```
create table mydb.cqbigdata_company(companyId string,name string,company_size string,company_type string,company_category string,company_province string,company_city string,phone_num string,address string,company_desc string,company_url string,CreateTime Date,date_ Date,partitionsid string) row format delimited fields terminated by '\t';
```

步骤 3：往表中导入数据，在 Hive shell 中执行如下命令。

```
LOAD DATA INPATH '/user/hadoop/spark/chapter6/cqbigdata_company.csv' OVERWRITE INTO TABLE mydb.cqbigdata_company;
```

步骤 4：验证是否导入，在 Hive shell 中执行如下命令。

```
select * from cqbigdata_company limit 10;
```

如图 4-5 所示，输出表中前 10 条数据。

图 4-5 cqbigdata_company 表数据

步骤 5：在 Hive 中创建数据表，用于存储岗位数据。

```
create table mydb.cqbigdata_job(jobId string,title string,salary_min INT,salary_max INT,city string,area string,cata_log string,category string,experience string,education string,job_desc string,job_url string,job_company string,from_site string,date_ string,CreateTime Date,partitionsid string) row format delimited fields terminated by '\t';
```

步骤 6：加载数据到 Hive。

```
LOAD DATA INPATH '/user/hadoop/spark/chapter6/cqbigdata_job.csv' OVERWRITE INTO TABLE mydb.cqbigdata_job;
```

步骤 7：查询表中前 10 条数据。

```
select * from cqbigdata_job limit 10;
```

运行结果如图 4-6。

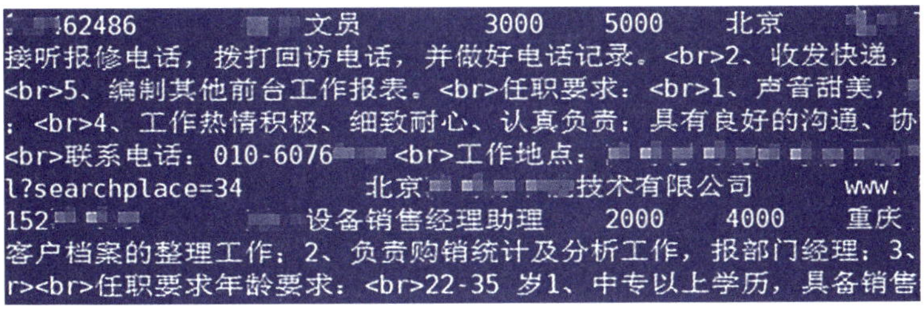

图 4-6　cqbigdata_job 表数据

4.6　典型工作环节 6：使用 Spark SQL 分析平台数据

4.6.1　统计维度 1：分析用人单位性质

从 Spark2.0 及以上版本开始，SparkSession 接口实现对数据加载、转换、处理等功能。SparkSession 实现了 SQLContext 及 HiveContext 所有功能。SparkSession 支持从不同数据源加载数据，以及把数据源转换成 DataFrame，并且支持把 DataFrame 转换成 SQLContext 自身的表，然后使用 SQL 语句来操作数据。

在创建 DataFrame 之前，为了支持 RDD 转换为 DataFrame 及后续的 SQL 操作，需要使用 import 语句（即 import spark.implicits._）导入相应的包，启用隐式转换。

DataFrame 创建好以后，可以执行一些常用的 DataFrame 操作，如 groupBy、orderBy、show 等。

groupBy() 操作用于对记录进行分组，如：groupBy("compnay_category").count() 按照 compnay_category 字段进行分组，然后随每个分组中包含的记录数量进行统计。

orderBy() 操作是按指定字段排序，默认为升序。

show() 操作以表格的形式在输出中展示数据，show(nums: Int) 显示 nums 条。

"用人单位"即招聘企业的信息，在 cqbigdata_company 表中。其中，企业类型就是数据源中的第 4 列，在 Hive 表中的"company_category"字段。本示例将演示统计各类企业的数量。

【例 4-1】　统计用人单位的性质。

代码如下：

```
package chapter4

import org.Apache.spark.sql.SparkSession

object SparkTest extends App {
```

```scala
// warehouseLocation 指向数据仓库的位置, spark-warehouse 是默认值
val warehouseLocation = "spark-warehouse"
// master:是集群的地址
val spark = SparkSession
  .builder()
  .appName("Spark Hive Example")
  .master("spark://master.lab.hwadee.com:7077")
  .config("spark.sql.warehouse.dir", warehouseLocation)
  .enableHiveSupport()
  .getOrCreate()
// 通过调用 sql 方法传入 sql 语句,此时返回的是一个 DataFrame 对象
var df = spark.sql("SELECT * FROM mydb.cqbigdata_company")
//在 DataFrame 对象上调用 groupBy,以字段 company_type 进行分组求个数
var newdf = df.groupBy("compnay_category").count()
//进行按统计个数降序排序
newdf.orderBy(-newdf("count")).show()
}
```

将程序打包,上传到虚拟机,运行结果如图 4-7 所示。

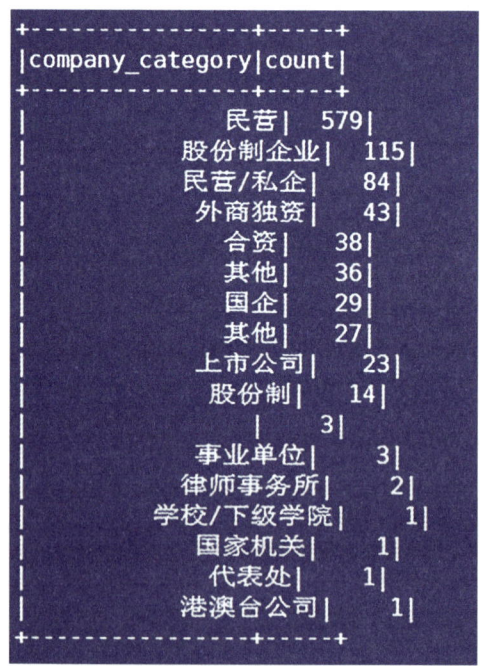

图 4-7 各类企业数

4.6.2 统计维度 2：分析用人单位所在城市

本示例将演示统计各城市的企业数量，以此为依据推荐该城市的就业难度。

【例 4-2】 分析各城市企业数。

代码如下：

```
package chapter4
import org.apache.spark.sql.SparkSession


object SparkTest extends App {
  //  warehouseLocation 指向数据仓库的位置,spark-warehouse 是默认值
  val warehouseLocation = "spark-warehouse"
  //  master:是集群的地址
  val spark = SparkSession
    .builder()
    .appName("Spark Hive Example")
    .master("spark://master.lab.hwadee.com:7077")
    .config("spark.sql.warehouse.dir", warehouseLocation)
    .enableHiveSupport()
    .getOrCreate()


  //  通过调用 sql 方法传入 sql 语句,此时返回的是一个 DataFrame 对象
  var df = spark.sql("SELECT * FROM mydb.cqbigdata_company")
  //  数据集的总数
  var allCount1 = df.count()
  var allCount = allCount1.asInstanceOf[Double]
  //对城市进行分组求个数
  var newdf = df.groupBy("company_city").count()
  //  注册自定义函数
  spark.udf.register("division", (count: Int, all: Int) => {
    var count1 = count.asInstanceOf[Double]
    count1 / all
  })
  //  通过 selectExpr 调用自定义函数
  newdf.selectExpr("company_city", "count", "division(count," + allCount + ") as scale").show()
}
```

运行结果如图 4-8 所示。

```
+----------------+-----+-----+
|company_city    |count|scale|
+----------------+-----+-----+
|          辽宁省|  108|0.108|
|          浙江省|   43|0.043|
|  广西壮族自治区|    2|0.002|
|            香港|    2|0.002|
|          河北省|   23|0.023|
|          福建省|   16|0.016|
|          湖南省|   17|0.017|
|            天津|   23|0.023|
|          陕西省|   33|0.033|
|          山西省|    9|0.009|
|    内蒙古自治区|    5|0.005|
|          甘肃省|    3|0.003|
|          贵州省|    4|0.004|
|          湖北省|   20| 0.02|
|          四川省|   37|0.037|
|        黑龙江省|   10| 0.01|
|          广东省|   91|0.091|
|            重庆|  119|0.119|
|          山东省|   51|0.051|
|新疆维吾尔自治区|    1|0.001|
+----------------+-----+-----+
only showing top 20 rows
```

图 4-8　各城市企业数

4.6.3　统计维度 3：分析用人单位提供的职位数

统计各单位职位数量时涉及两张表。本示例演示如何将两个表的数据进行连接，然后再分析各企业职位数。

【例 4-3】 分析各企业职位数。

代码如下：

```
package chapter4

import org.apache.spark.sql.SparkSession

object SparkTest extends App {
  // warehouseLocation 指向数据仓库的位置，spark-warehouse 是默认值
  val warehouseLocation = "spark-warehouse"
  // master:是集群的地址
  val spark = SparkSession
    .builder()
    .appName("Spark Hive Example")
```

学习情境四 使用 Spark SQL 分析用人单位数据

```
        .master("spark://master.lab.hwadee.com:7077")
        .config("spark.sql.warehouse.dir", warehouseLocation)
        .enableHiveSupport()
        .getOrCreate()
    // 通过调用 sql 方法传入 sql 语句,此时返回的是一个 DataFrame 对象
    var companyDF = spark.sql("SELECT company_size as company_name FROM mydb.cqbigdata_company")
    var jobDF = spark.sql("SELECT job_company as company_name FROM mydb.cqbigdata_job")
    var allDataDF = companyDF.join(jobDF, "company_name")
    allDataDF.createOrReplaceTempView("allData")
    spark.sql("select company_name,count(*) as count from allData group by company_name").show()
}
```

运行结果如图 4-9 所示。

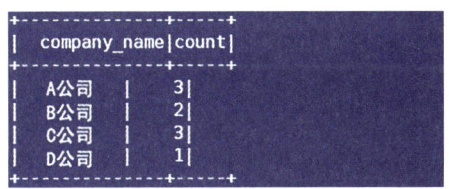

图 4-9 各企业职位数

4.7 归纳总结与拓展提高

本学习情境先介绍了 Spark SQL 与 Hive 的作用,然后介绍了 Hadoop、Hive、MySQL 的安装部署,还介绍了如何在 Spark SQL Shell 环境中查询 Hive 的数据。最后通过三个示例,演示了 Spark SQL 核心对象数据帧的使用。

4.8 课后练习

选择题

1. Spark SQL 支持哪些数据源?(　　)[多选]
   A. Mysql 数据　　　　　　　　B. Json 数据
   C. 文本数据　　　　　　　　　D. 视音频数据

2. 以下说法正确的是(　　)。
   A. DataFrame 与 RDD 是一样的

B. DataFrame 对象包含 RDD 对象

C. Spark SQL 完全支持 SQL 标准语法

D. Spark SQL 支持事务

3. 如何在控制台输入 DataFrame 中的数据？（   ）

A. df.show( ) B. df.show(false)

C. df.collect( ) D. df.take(10)

Spark 大数据开发

学习情境五 使用 Spark Streaming 分析平台数据

项目概述

Spark SQL 只能进行离线计算,无法满足实时性要求较高的业务需求,例如实时推荐、实时网站性能分析等,流计算可以解决这些问题。流计算是一种典型的大数据计算模式,可以对源源不断到达的流数据进行实时处理分析。Spark Streaming 构建在 Spark 上,是现在常用的流式计算框架,使得 Spark 可以同时支持批处理与流处理,越来越多的企业开始应用 Spark。

学习目标

(1)了解流数据、流计算概念;
(2)熟悉流计算处理流程;
(3)掌握 Spark Streaming 工作机制和程序开发步骤、Kafka 等。

5.1 典型工作环节 1:需求分析

招聘网站的信息每天都在变化,为了能让毕业生看到最新的岗位招聘信息,顺利找到适合自己的工作岗位,学院利用"职业能力分析大数据服务平台"来采集和分析信息数据,统计并实时展示最新信息。

5.2 典型工作环节 2：步骤分析

根据需求分析，"职业能力分析大数据服务平台"的数据是由爬虫采集的。为了能看到最新的数据，系统中采用了 Spark Streaming 技术进行实时处理。因此，完成信息统计与展示需以下四步。

第一步：认识流计算；
第二步：认识 Spark Streaming；
第三步：搭建开发环境；
第四步：处理职业能力平台中的数据。

5.3 典型工作环节 3：学习流计算

5.3.1 流数据

存储在数据存储系统中的数据，如利用 ETL 工具加载到数据仓库中的数据，由于长时间不会更新，所以称为静态数据。通常能对其挖掘出对企业有价值的信息。

近年来，在 Web 应用、网络监控等领域中，数据大量、快速、实时地传输到数据中心，监控系统对实时数据进行分析，将实时分析出数据中的信息提供给用户，这样的数据就是流数据。如购物网站根据用户的单击流、浏览历史和购物数据实时发现用户的购买意图，为其推荐相关商品，从而有效提高销售量。流数据是指在时间分布和数量上无限的一系列动态数据集合。数据记录是流数据的最小组成单元。

流数据特征包括：
（1）数据快速持续到达，无穷无尽；
（2）数据来源众多，格式复杂；
（3）数据量大，不关心存储；
（4）注重数据的整体价值，不过分关注个别数据；
（5）数据顺序颠倒或者不完整。

5.3.2 流计算

静态数据和流数据对应着两种截然不同的计算模式：批量计算和实时计算。批量计算处理静态数据，它通常在充裕的时间内对海量数据进行批量处理，如 Hadoop 就是典型的批处理模型。

流数据不适合采用批量计算,因为流数据不适合用传统的关系模型建模,不能把源源不断的流数据保存到数据库中。流数据必须采用实时计算,实时计算要求能够实时得到计算结果,一般要求响应时间为秒级。实时计算只能处理少量数据,但在大数据时代,数据格式复杂、数据量巨大,因此针对流数据的实时计算——流计算应运而生。流数据被处理后,一部分进入数据库成为静态数据,其他部分则直接被丢弃。

流计算平台可以实时获取来自不同数据源的海量数据,然后对其实时分析处理,获得有价值的信息。为了及时处理流数据,流计算平台需要一个低延迟、可扩展、高可靠的处理引擎。它应满足以下需求。

① 高性能:处理大数据的基本要求,如每秒处理几十万条数据。
② 海量式:支持 TB 级甚至是 PB 级的数据规模。
③ 实时性:保证较低的延迟时间,达到秒级别,甚至是毫秒级别。
④ 分布式:支持大数据的基本架构,必须能够平滑扩展。
⑤ 易用性:能够快速进行开发和部署。
⑥ 可靠性:能可靠地处理流数据。

目前业内有许多的流计算框架与平台,如:IBM InfoSphere Streams、Twitter Storm、Yahoo! S4 等。此外也涌现了像 SQLStream 这样的专门致力于实时大数据流处理服务的公司。

流计算的处理流程如图 5-1 所示,包含三个阶段:数据实时采集、数据实时计算和实时查询服务。

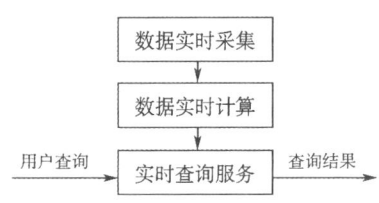

图 5-1　流计算数据处理流程

(1) 数据实时采集

数据实时采集阶段通常采集多个数据源的海量数据,需要保证实时性、低延迟与可靠性。以日志数据为例,由于分布式集群的广泛应用,数据分散存储在不同的机器上,因此需要实时汇总来自不同机器上的日志数据。

(2) 数据实时计算

数据实时计算阶段对采集的数据进行实时的分析和计算,并反馈实时结果。经流处理系统处理后的数据,可视情况进行存储,以便之后再进行分析计算。在时效性要求较高的场景中,处理之后的数据也可以直接丢弃。

(3) 实时查询服务

经由流计算框架得出的结果可供用户进行实时查询、展示或储存。传统的数据处理流程,用户需要主动发出查询才能获得想要的结果。而在流处理流程中,实时查询服务可以不断更新结果,并将用户所需的结果实时推送给用户。虽然通过对传统的数据处理系统进行定时查询,也可以实现不断地更新结果和结果推送,但通过这样的方式获取的结果,仍然是根据过去某一时刻的数据得到的结果,与实时结果有着本质的区别。

5.4 典型工作环节4:学习 Spark Streaming

Spark Streaming 是 Spark 上的实时计算框架,它扩展了 Spark 处理大规模流式数据的能力。Spark Streaming 可结合批处理和交互式查询,适用于一些对历史数据和实时数据进行结合分析的应用场景。

Spark Streaming 可以从如 Kafka、Flume、Kinesis 或 TCP 套接字中提取数据,并且可以使用高级函数 map、reduce、join 和 window 来进行复杂的算法处理。最终,处理后的数据可以推送到文件系统、数据库和实时仪表板。

5.4.1 Spark Streaming 概述

Spark Streaming 是流式处理过程的核心,它处在从数据源到最终展示出结果的中间环节。Spark Streaming 可以从 Kafka、Flume、HDFS 等多种数据源上取得数据,通过一系列计算后还可以输出到 HDFS、数据库等终端。如图 5-2 所示。

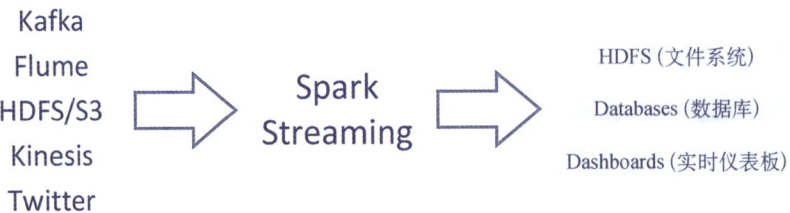

图 5-2 Spark Streaming 支持的输入、输出数据源

在内部,它的工作原理如下:Spark Streaming 接收实时输入数据流并将数据以时间片(通常是 0.5~2 秒)为单位进行拆分,然后采用 Spark 引擎以类似批处理的方式处理每个时间片数据,生成最终结果流。如图 5-3 所示。

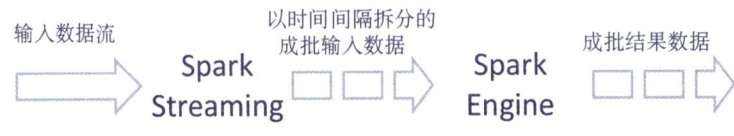

图 5-3 Spark Streaming 执行流程

学习情境五　使用 Spark Streaming 分析平台数据

Spark Streaming 提供称为离散流（或 DStream）的高级抽象，表示连续的数据流。DStream 可以从来自 Kafka、Flume 和 Kinesis 等源的输入数据流创建，也可以通过在其他 DStream 上应用高级操作来创建。在内部，DStream 表示为一系列 RDD。

Spark Streaming 的输入数据按照时间片（如 1 秒）分成一段一段，每一段数据转换为 Spark 中的 RDD，最终应用于 DStream 的任何操作都转换为底层 RDD 上的操作。如图 5-4 所示：

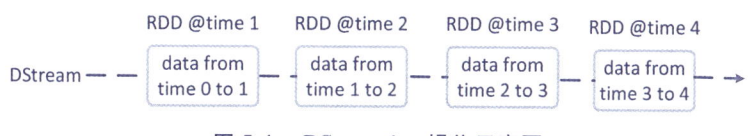

图 5-4　DStreaming 操作示意图

5.4.2　DStream 操作

在 Spark Streaming 中，会有一个组件 Receiver，作为一个长期运行的任务跑在 Executor 上，每个 Receiver 都会负责一个 DStream（比如从文件中读取数据的文件流，套接字流，从 Kafka 中读取的一个输入流，等等）输入流。Receiver 组件接收到数据源发来的数据后，会提交给 Spark Streaming 程序进行处理。处理后的数据可以可视化展示，也可以写入 HDFS 或 HBase 中。

编写 Spark Streaming 程序的基本步骤如下。

（1）创建输入 DStream，定义输入源。流计算处理的数据是来自输入源的数据，这些输入源会源源不断产生数据，并发送给 Spark Streaming，由 Receive 组件接收后交给用户自定义的 Spark Streaming 程序进行处理。

（2）对 DStream 应用转换操作和输出操作，定义流计算。流计算过程通常是由用户自定义实现的，需要调用各种 DStream 操作实现用户处理逻辑。

（3）使用 StreamingContext 对象的 start( )接收数据和处理流程。

（4）调用 StreamingContext 对象的 awaitTermination( )方法等待处理结束，也可以通过 StreamingContext 对象的 stop( )方法来手动结束流计算进程。

5.4.3　Kafka 概述

Kafka 是一个分布式的发布订阅的消息传输队列。除了 Kafka 外，传输消息的队列还有：MSMQ、Queue、RabbitMq、ZeroMq、ActiveMq 等。Kafka 具有处理消息速度快、支持分区、支持偏移读数据等特性，因此在"职业能力分析大数据服务平台"中选择采用 Kafka 来传递爬虫采集到的数据。

Kafka 支持发布订阅，生产者往队列发消息，消费者根据订阅的消息类型来获取消息。在 Kafka 中消费的类型使用"主题"来区分。在"职业能力分析大数据服务平台"中，生产者是指爬虫,消费者是指 Spark Streaming。

从消息队列中获取数据有两种方式:(1)消费者主动到队列取消息;(2)队列主动推送消费者。

队列主动推送到消费者又有两种方式:(1)不管消费者愿不愿意都被推送;(2)根据消费者消费订阅的主题来进行推送。

Kafka 采用第 2 种消息推送方式,这有助于降低消费者处理消息的压力。

Kafka 中有以下六个重要概念。

(1) Producer:生产者,往队列中发送消息。

(2) Consumer:消费者,从队列中获取消息。

(3) ConsumerGroup:消费组,一个消费者属于一个特定的 ConsumerGroup。一条消息可以发送到不同的 ConsumerGroup,一个 ConsumerGroup 中只有一个消费者可以获取此消息。

(4) Topic:主题,用于标识消息的类型。一种类型的消息可以有任意条。

(5) Broker:消息处理的中间节点,整体上看,Broker 扮演了一个在生产者、消费者间转发消息的角色。

(6) Partition:分区。Topic 内的消息是按分区来进行存储的,每个分区对应磁盘上的一个文件,每个分区内的消息是按段来存储的,一个分区内的每条消息都有自己的标识,并且是有序的。Kafka 的信息自动分散到各个分区,确保了任何从生产者收到的消息不会丢失,在机器错误、程序错误等情况下,消费者也可以重新取消息。

5.5 典型工作环节 5:系统开发环境搭建

在进行数据分析之前,需要搭建开发环境。

5.5.1 Kafka 安装与配置

Kafka 安装配置步骤如下。

步骤 1:从官网下载如下 Kafka 版本,然后上传到虚拟机。

```
kafka_2.11-2.1.0.tgz
```

步骤 2:解压软件并重命名。

```
tar -zxvf /opt/kafka_2.11-2.1.0.tgz -C /usr/local
cd /usr/local
mv ./kafka_2.11-2.1.0 ./kafka
```

步骤 3:启动 Zookeeper。

```
cd /usr/local/kafka
bin/zookeeper-server-start. sh config/zookeeper. properties
```

步骤 4:新打开一个终端,启动 Kafka Server。

```
cd /usr/local/kafka
bin/kafka-server-start. sh config/server. properties
```

步骤 5:新打开一个终端,创建主题。

```
cd /usr/local/kafka
bin/kafka-topics. sh --create --zookeeper localhost:2181 --replication-factor 1 --partitions 1 --topic jobdata
```

运行结果如图 5-5 所示。

```
[root@localhost kafka]# bin/kafka-topics.sh --create \
> --zookeeper localhost:2181 \
> --replication-factor 1 \
> --partitions 1 \
> --topic jobdata
Created topic jobdata.
```

图 5-5　创建主题

步骤 6:在当前终端,查看主题。

```
bin/kafka-topics. sh --list --zookeeper localhost:2181
```

运行结果如图 5-6 所示。

```
[root@master kafka]# bin/kafka-topics.sh --list --zookeeper localhost:2181
jobdata
```

图 5-6　查看主题

步骤 7:在当前终端,启动一个生产者,在该主题下发送一条消息。

```
bin/kafka-console-producer. sh --broker-list localhost:9092 --topic jobdata
```

比如输入岗位名称。

```
大数据开发工程师
python 开发工程师
C++开发工程师
```

运行结果如图 5-7 所示。

步骤 8:新打开一个终端,启动一个消费者,接收消息。

Spark 大数据开发

```
[root@master kafka]# bin/kafka-console-producer.sh --broker-list localhost:9092 --top
ic jobdata
>大数据开发工程师
>python开发工程师
>C++开发工程师
>
```

图 5-7 发送消息

```
cd /usr/local/kafka
bin/kafka-console-consumer.sh --bootstrap-server  localhost:9092 --topic jobdata --from-beginning
```

运行结果如图 5-8 所示。

```
[root@master kafka]# bin/kafka-console-consumer.sh --bootstrap-server  localhost:9092
--topic jobdata --from-beginning
大数据开发工程师
python开发工程师
C++开发工程师
```

图 5-8 接收消息

若消费者端能看到消息,则表示环境配置成功。注意:命令中的端口都是默认的,一般情况下不建议改动。

其中,2181 是 Zookeeper 的监听端口,9092 是 Kafka Server 监听端口,生产者、消费者连接的都是 Kafka Server。这些终端的关系如图 5-9 所示。

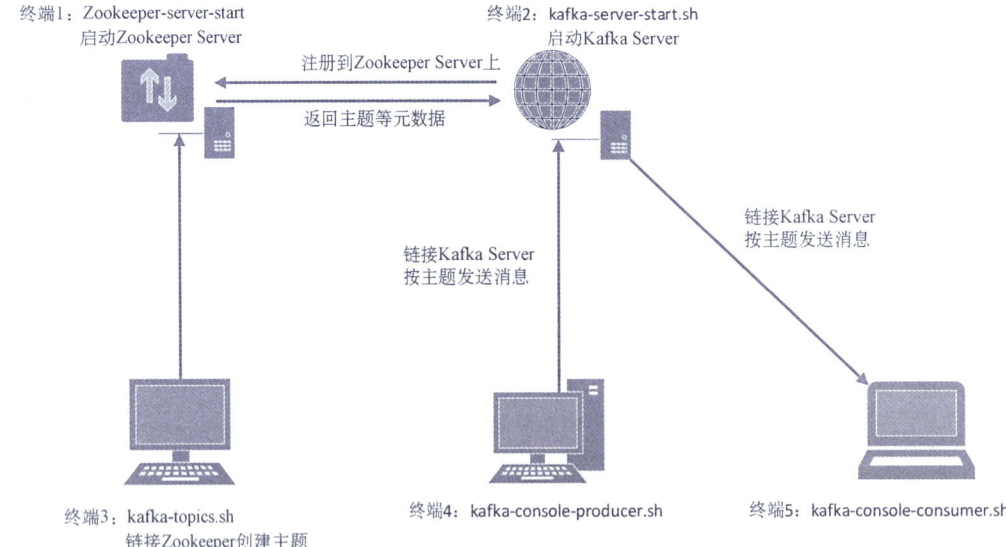

图 5-9 kafka 各终端关系

5.5.2 Spark Streaming 集成 Kafka

集成步骤如下。

步骤 1：在网络上下载 Spark 连接 Kafka 的驱动。

```
spark-streaming-kafka-0-10_2.11-2.1.1.jar
```

下载地址为：

```
https://mvnrepository.com/artifact/org.apache.spark/spark-streaming-kafka-0-10_2.11/2.1.1
```

步骤 2：在 jars 目录下创建 Kafka 目录。

```
cd   /usr/local/spark/jars
mkdir kafka
```

步骤 3：将 jar 包拷贝到该 Kafka 目录下。
步骤 4：编辑 spark-env.sh 文件。

```
vi /usr/local/spark/conf/spark-env.sh
```

添加以下内容：

```
export SPARK_DIST_CLASSPATH=/usr/local/spark/jars/kafka/ * :/usr/local/kafka/libs/ *
```

5.6 典型工作环节 6：使用 Spark Streaming 分析平台数据

要利用 Spark StreamingContext 分析数据，需要了解 Spark 流式处理的原理以及核心对象 StreamingContext。然后通过读取套接字流、文件流等方式，熟悉 StreamingContext 的开发流程与 API。掌握基本的流编程后再部署更为复杂的 Kafka，使用 StreamingContext 集成 Kafka 并从中取出数据，使用窗口函数进行实时计算，并将计算结果输出到外部设备进行存储。

5.6.1 Spark Streaming 程序使用 Kafka 数据源

通过统计单词个数，来理解 Spark 引擎如何处理流计算。

【例 5-1】 创建一个生产者，向 Kafka 队列传输字符。
代码如下：

```scala
package chapter5

import java.util.HashMap
import org.apache.kafka.clients.producer.{KafkaProducer, ProducerConfig, ProducerRecord}
import scala.util.Random

object KafkaWordProducer {
  def main(args: Array[String]) {
    //指定 kafka server 的地址
    var broker = "localhost:9092"
    //指定生产者发送的消息主题(类型)
    var topic = "jobdata"
    val producerConfig = new HashMap[String, Object]()
    //配置 broker
    producerConfig.put(ProducerConfig.BOOTSTRAP_SERVERS_CONFIG, broker)
    //org.apache.kafka.common.serialization:数据的 key 序列化方式,使用字符串序列化器
    producerConfig.put(ProducerConfig.KEY_SERIALIZER_CLASS_CONFIG,
      "org.apache.kafka.common.serialization.StringSerializer")
    // org.apache.kafka.common.serialization:数据的值序列化方式,使用字符串序列化器
    producerConfig.put(ProducerConfig.VALUE_SERIALIZER_CLASS_CONFIG,
      "org.apache.kafka.common.serialization.StringSerializer")

    //创建生产者对象
    val producer = new KafkaProducer[String, String](producerConfig)

    var words = List("abc","bcd","agg","nkl","oip","ytr","wer","mlg","cxv","lkj")
    //这里构造一个死循环,不断发送消息
    while (true) {
      for (i <- 1 to 3) {
        val r = new Random(System.currentTimeMillis)
        var str = words(r.nextInt(words.size))
        println(str)
        val msg = new ProducerRecord[String, String](topic, null, str)
        producer.send(msg)
      }
      //每隔3秒发送一次消息
      Thread.sleep(3000)
    }
```

        }
    }

【例 5-2】 创建一个消费者,计算字母个数。

代码如下:

```
package chapter5

import org.apache.spark.SparkConf
import org.apache.spark.streaming._
import org.apache.spark.streaming.kafka.KafkaUtils

object KafkaWordCount {
    def main(args: Array[String]) {
        //创建一个 StreamingContext 配置对象
        val config = new SparkConf().setAppName("KafkaWordCount").setMaster("local")
        //创建 StreamingContext 对象,每隔 1 秒处理一次消息
        val streamingContext = new StreamingContext(config, Seconds(1))
        //设置检查点,类似于数据的一个副本。避免程序出错导致数据丢失。
        // 有了检查点,在出现错误的情况下可以就此恢复
        streamingContext.checkpoint("file:///usr/local/spark/mycode/kafka/checkpoint")
        //Zookeeper 服务器地址
        val zkServer = "localhost:2181"
        // 消费者所在的 consumer-group,组名可以自定义
        val customerGroupName = "1"
        //消息主题
        val topic = "jobdata"
        // 启动几个线程来处理消息
        val threadCount = 1
        val topicMap = topic.split(",").map((_, threadCount.toInt)).toMap
        //使用 KafkaUtils.createStream 接收 kafka 流
        val data = KafkaUtils.createStream(streamingContext, zkServer, customerGroupName, topicMap)
        // data 的结构是:(主题,具体的消息),因此这里取数据中的第 2 个
        val lines = data.map(_._2)
        //消息是空格分开的,因此这里使用空格分开
        val words = lines.flatMap(_.split(" "))
        //将每个单词转为键值对形式
        val pairs = words.map(word => (word, 1))
        val wordCounts = pairs.reduceByKey(_ + _)
        wordCounts.print()
```

```
        streamingContext.start()
        streamingContext.awaitTermination()
    }
}
```

准备工作完成后,使用命令进行验证。在随书源码对应章节下有 chongqing_book.jar 包,包含两个对:KafkaWordCount 和 KafkaWordProducer。KafkaWordProducer 作为生产者向 Kafka 发送消息,KafkaWordCount 作为消费者收到消息后开始计算。将该文件上传到虚拟机,然后运行生产者。代码如下:

```
cd /usr/local/spark/
./bin/spark-submit --class chapter.KafkaWordProducer /opt/data/job/chongqing_book.jar
```

开启新的终端,运行消费者。代码如下:

```
cd /usr/local/spark/
./bin/spark-submit --class chapter.KafkaWordCount /opt/data/job/chongqing_book.jar
```

运行结果如图 5-10 所示,第一个窗口发送数据,第二个窗口统计各字母出现的次数。

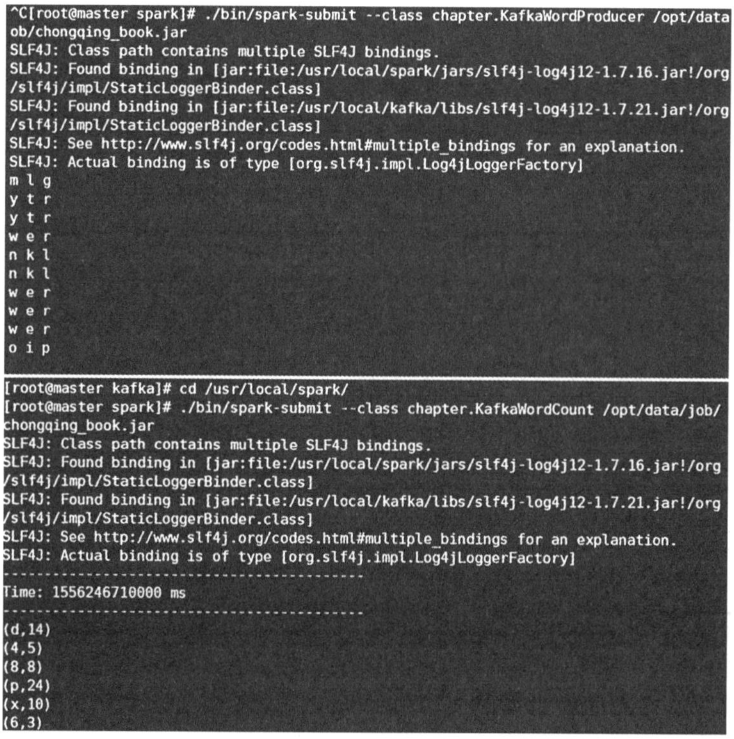

图 5-10　处理 kafka 消息

在示例中,Spark 将[0~1]秒时间段内的数据收集后,形成一个 RDD,取名 lines。对

lines 调用 flatMap 操作,该操作将应用于 lines 这个 Dstream 对象中的每个 RDD,并生成新的 Dstream,也就是 words RDD,如图 5-11 所示。如此往复,每隔 1 秒计算一次收集到的数据。

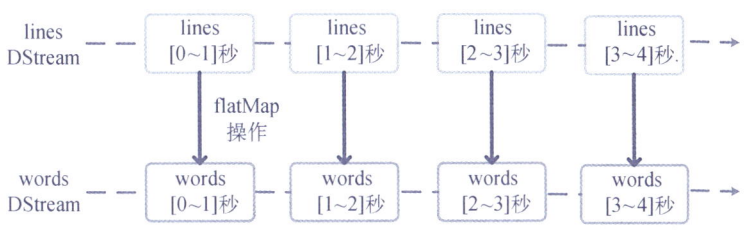

图 5-11　计算 Dstream 流程

通过示例可以看到,开发流式处理程序的基本步骤如下。

第一步:创建输入 DStreams,定义输入源。

第二步:将转换和输出操作应用于 DStream,定义流式计算。

第三步:利用 streamingContext. start( )开始接收数据并进行处理。

第四步:利用 streamingContext. awaitTermination( )等待处理停止。

第五步:可以利用 streamingContext. stop( )手动停止处理。

5.6.2　导入职位数据到 Kafka

为了进行流计算,需要将数据导入 Kafka。在随书源码对应章节下的数据目录中,包含 cqbigdata_job. csv 文件,里面存放的是"职业能力分析大数据服务平台"爬虫采集的职位信息。

【例 5-3】　将职位信息逐条导入 Kafka,模拟实时生成效果。

代码如下:

```
package chapter5

import java. util. HashMap

import org. apache. kafka. clients. producer. {KafkaProducer, ProducerConfig, ProducerRecord}

import scala. io. Source
object KafkaWordProducer {
  def main(args: Array[String]) {
    //指定 kafka server 的地址
    var broker = "localhost:9092"
    //指定生产者发送的消息主题(类型)
```

```scala
var topic = "jobdata"

val producerConfig = new HashMap[String, Object]()
//配置broker
producerConfig.put(ProducerConfig.BOOTSTRAP_SERVERS_CONFIG, broker)
//org.apache.kafka.common.serialization:数据的key序列化方式,使用字符串序列化器
producerConfig.put(ProducerConfig.KEY_SERIALIZER_CLASS_CONFIG,
  "org.apache.kafka.common.serialization.StringSerializer")
//org.apache.kafka.common.serialization:数据的值序列化方式,使用字符串序列化器
producerConfig.put(ProducerConfig.VALUE_SERIALIZER_CLASS_CONFIG,
  "org.apache.kafka.common.serialization.StringSerializer")

//创建生产者对象
val producer = new KafkaProducer[String, String](producerConfig)

val source = Source.fromFile("/opt/data/job/cqbigdata_job.csv", "UTF-8")
val lines = source.getLines
lines.map(line => {
  println("发送的数据行:" + line)
  println()
  val msg = new ProducerRecord[String, String](topic, null, line)
  producer.send(msg)
  //每隔1秒发送一次消息
  Thread.sleep(1000)
})
```

运行结果如图5-12所示,右侧窗口是生产者发送的消息,左侧窗口是消费者获取到的消息。

图 5-12 将职位信息推送到 Kafka

5.6.3 统计维度1：实时统计各区域职位发布个数

创建一个消费者程序，每隔10秒计算一次数据。正常情况下（不排除有网络延迟），在10秒的间隔里Spark就会收到接近10条消息。

【例5-4】 统计每10秒采集到的职位数。

代码如下：

```scala
package chapter5

import org.apache.spark.SparkConf
import org.apache.spark.streaming.{Seconds, StreamingContext}
import org.apache.spark.streaming.kafka.KafkaUtils

object KafkaJobInfoCounter {
  def main(args: Array[String]) {
    //创建一个StreamingContext配置对象
    val config = new SparkConf().setAppName("JobCount").setMaster("local")
    //创建StreamingContext对象,每隔10秒处理一次消息
    val streamingContext = new StreamingContext(config, Seconds(10))
    //设置检查点,类似于数据的一个副本。避免程序出错导致数据丢失。
    //有了检查点,在出现错误的情况下可以就此恢复
    streamingContext.checkpoint("file:///usr/local/spark/mycode/kafka/checkpoint")
    //Zookeeper服务器地址
    val zkServer = "localhost:2181"
    //消费者所在的 consumer-group,组名可以自定义
    val customerGroupName = "1"
    //消息主题
    val topic = "jobInfo"
    //启动几个线程来处理消息
    val threadCount = 1
    val topicMap = topic.split(",").map((_, threadCount.toInt)).toMap
    //使用 KafkaUtils.createStream 接收 kafka 流
    val data = KafkaUtils.createStream(streamingContext, zkServer, customerGroupName, topicMap)
    //data 的结构是:(主题,具体的消息),因此这里取数据中的第2个
    val msg = data.map(_._2)
    //原始数据中的一行数据,是使用\t 分开的,因此这里使用\t 分开
    val jobs = msg.flatMap(_.split("\t"))
    //将每个单词转为键值对形式
```

```
            // job(4):表示的是该职位发布的城市
            val pairs = jobs.map(job => (job(4), 1))
            val jobCounts = pairs.reduceByKey(_ + _)
            jobCounts.print()
            streamingContext.start()
            streamingContext.awaitTermination()
        }
    }
```

运行结果如图 5-13 所示,每隔 10 秒输出一次统计到的数据。

图 5-13　每 10 秒的职位数

5.6.4　统计维度 2:实时统计职位总数

在统计职位个数的时候,统计的是每一批次中各城市的岗位数据。这意味着各批次间的数据是独立的,操作也是独立的。这种操作称为无状态操作,对 RDD 的转换,也就是无状态操作。那么如果后一个批次的计数需要依赖前一次的数据,比如求一段时间内的总数,中间跨了好几个批次,这种计算场景就需要进行数据有状态的转换。有状态操作需要使用 Spark 的窗口函数。

如图 5-14 所示,定义的时间窗口大小是 3 秒,每个正方形方块表示一个微批处理,比如 1 秒。3 秒的窗口期就横跨 3 个微批,然后每隔 2 秒进行滑动一次,表示每隔 2 秒统计前 3 秒的数据。窗口函数的好处就是可以在一次计算里面统计几个微批的数据。但这里也有一个坏处,可以看到在第 3 个时间点,这个微批的数据被重复处理了。

在窗口时间大于滑动时间的情况下,Spark 提供的几个窗口函数,比如 window、reduceByWindow、countByWindow 都存在重复计算这个弊端。因此,在实际应用中应使用 reduceByKeyAndWindow。

reduceByKeyAndWindow 函数用于处理时间窗口上键值对形式的 RDD 流,常用参数如下。

(1) reduceFunc:类似于 RDD 中的 reduceByKey,用于归并计算流中的数据。

(2) invReduceFunc:这是一个与 reduceFunc 能够"互逆"的函数。比如示例用

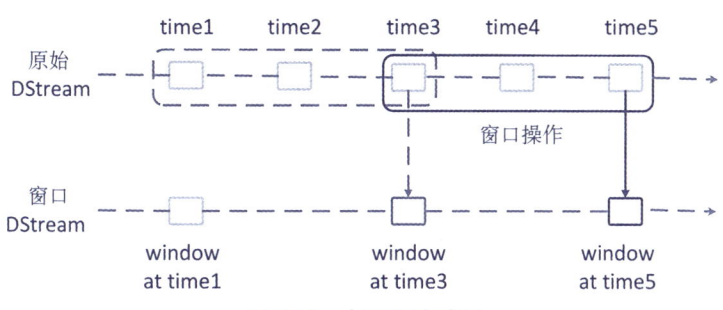

图 5-14　窗口移动过程

reduceFunc 使用的是"_+_",那么 invReduceFunc 就相应的使用"_-_"。

(3) windowDuration:滑动窗口的长度,窗口框住的是一段时间内的数据,即窗口负责框住多少个批次的数据。

(4) slideDuration:持续多久时间滑动一次窗口。

(5) numPartitions(可选):指定 reduce 任务个数。

(6) filterFunc(可选):过滤数据的函数,与 filter 类似。

【例 5-5】　使用 reduceByKeyAndWindow 统计数据。

代码如下:

```
package chapter5

import org. apache. spark. SparkConf
import org. apache. spark. streaming. _
import org. apache. spark. streaming. kafka. KafkaUtils

object KafkaWordCount {
  def main(args: Array[String]) {
    //创建一个 StreamingContext 配置对象
    val config = new SparkConf( ). setAppName("KafkaWordCount"). setMaster("local")
    //创建 StreamingContext 对象,每隔 10 秒处理一次消息。
    val streamingContext = new StreamingContext(config, Seconds(10))
    //设置检查点,类似于数据的一个副本。避免程序出错导致数据丢失。
    //有了检查点,在出现错误的情况下可以就此恢复。
    streamingContext. checkpoint("file:///usr/local/spark/mycode/kafka/checkpoint")
    //Zookeeper 服务器地址
    val zkServer = "localhost:2181"
    //消费者所在的 consumer-group,组名可以自定义。
    val customerGroupName = "1"
    //消息主题
```

```
val topic = "jobdata"
// 启动几个线程来处理消息
val threadCount = 1
val topicMap = topic.split(",").map((_, threadCount.toInt)).toMap

//使用 KafkaUtils.createStream 接收 kafka 流
val data = KafkaUtils.createStream(streamingContext, zkServer, customerGroupName, topicMap)
//data 的结构是:(主题,具体的消息),因此这里取数据中的第 2 个。
val msg = data.map(_._2)
//消息是空格分开的,因此这里使用空格分开。
val words = msg.flatMap(_.split(" "))
//将每个单词转为键值对形式
val pairRDD = words.map(x => (x, 1))
//_ + _:是两个数相加
//_ - _:是两个数相减
//Minutes(1):是滑动窗口的长度。
//Seconds(10):是每隔 10 秒滑动一次窗口,然后触发计算。
//2:指定 reduce 任务个数
//wordCounts:是一个 DStream 对象,一个流式的 RDD。
val wordCounts = pairRDD.reduceByKeyAndWindow(_ + _, _ - _, Minutes(1), Seconds(10), 2)
wordCounts.print
streamingContext.start
streamingContext.awaitTermination
```

运行结果如图 5-15 所示。

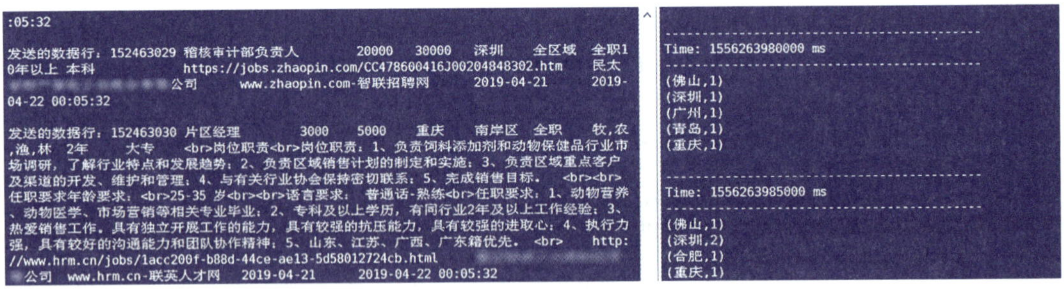

图 5-15 每 10 秒的职位数

5.7 归纳总结与拓展提高

本工作情景主要介绍使用 Spark Streaming 分析平台数据。从系统开发环境搭建开始，到 Spark 引擎处理流式计算和导入 Kafka 数据等，逐步深入理解 Spark Streaming。最后做了入门案例的介绍。

5.8 课后练习

选择题

1. Kafka Server 监听的端口是（　　）。
   A. 8080　　　　　　　　　　　　B. 2181
   C. 3088　　　　　　　　　　　　D. 9092

2. 关于 DStream 描述正确的是（　　）。
   A. DStream 表示为一系列 RDD
   B. DStream 不是连续的数据流
   C. Spark Streaming 不使用数据源就能产生的数据流创建 DStream
   D. DStream 与 RDD 没有关系

3. 关于 RDD 描述正确的是（　　）：
   A. RDD 是 Spark 提供的核心抽象
   B. RDD 不提供容错性
   C. RDD 只支持操作算子 Transformation（变换）与 Action（行动）
   D. RDD 的计算不以分片为单位的

4. Spark Streaming 是流式处理过程的核心，Spark Streaming 可以从（　　）数据源上获取数据。[多选]
   A. Kafka　　　　　　　　　　　　B. Flume
   C. HDFS/S3v　　　　　　　　　　D. Twitter

5. 关于 Spark Streaming 描述正确的是（　　）。[多选]
   A. Spark Streaming 是 Spark 的四大组件之一
   B. Spark Streaming 可以从 Kafka、Flume、HDFS 等多种数据源上取得数据，通过一系列计算后还可以输出到 HDFS、数据库等终端
   C. Spark Streaming 提供了表示连续数据流的、高度抽象的被称为离散流的 RDD
   D. Spark Streaming 虽然可实现实时数据流的可扩展、高吞吐量、容错流处理，但是数据延迟度较高

6. 关于 Kafka 描述正确的是（　　）。[多选]

A. Kafka 是一种高吞吐量的分布式发布订阅消息系统

B. Kafka 可以做到消息的持久化

C. Kafka 可以保证每个分区内的消息有序

D. Kafka 不支持 Hadoop 并行数据加载

Spark 大数据开发

学习情境六 使用 GraphX 与 ML 分析平台数据

项目概述

GraphX 是一个图计算组件,但不是用于图形处理的,而是用于处理网络科学计算的。对于网络计算而言,所有的事物都可以抽象成点,事物之间的关系抽象成边,点和边根据不同的业务场景来构成各自的网络结构。Spark GraphX 也是一个分布式图处理框架,它是基于 Spark 平台提供对图计算和图挖掘简洁易用而丰富的接口,可极大满足分布式图处理的需求,可以广泛应用到社交网络链中,例如 Twitter、Facebook、微博和微信等。由于 Spark GraphX 底层是基于 Spark 来处理的,所以其天然就是一个分布式的图处理系统。

机器学习(Machine Learning,ML)是一门多学科交叉专业,涵盖概率论、统计学、逼近论、凸分析、算法复杂度理论等多领域知识。ML 研究计算机模拟或实现人类的学习行为,获取新知识、新技能,并重组已学习的知识结构,不断改善自身。

Spark MLlib 是 Spark 提供的可扩展的机器学习库。Spark MLlib 已经集成了大量机器学习的算法,该库包含一系列机器学习算法,比如分类、回归、聚类、协同过滤、降维等。

学习目标

(1)使用 GraphX 与 ML 分析平台数据;
(2)掌握 Spark 提供的 Spark MLlib 库进行机器学习等。

6.1 典型工作环节 1:需求分析

小李正在学习机器学习和 GraphX,想同时利用机器学习和 GraphX 工具对职业能力分析大数据服务平台的职位数据进行统计分析,但对 GraphX 和机器学习的原理和使用方法不清楚,只知道 GraphX 是一种图算法,而机器学习是目前人工智能的核心,是使计算机具有智能的根本途径。

因此,小李打算对大数据处理工具中的机器学习和 GraphX 进行调研,深入了解机器学习和 GraphX 的相关概念、算法原理、使用方法和应用场景等。

6.2　典型工作环节 2:步骤分析

根据需求分析,完成对职位数据的统计分析需以下五步。

第一步:掌握 GraphX 图计算原理和图论。

实施之前需要了解图计算的基本原理和图的理论,准备好相关数据,熟悉 Spark 提供的 API 接口。

第二步:掌握机器学习的基本原理和流程。

需要提前了解机器学习的基本原理和流程,另外,还需要对数据进行特征抽取、转换、建模,然后构建机器学习流等步骤。

第三步:熟悉 Spark MLlib 机器学习库的常用 API。

需要提前了解 Spark MLlib 机器学习库的常用 API,了解常用 API 的使用方法和调用的接口。比如分类、回归、聚类、协同过滤、降维等。

第四步:熟悉职业能力分析大数据服务平台中图算法原理。

需要提前了解职业能力分析大数据服务平台中如何使用图计算,了解职业能力分析大数据服务平台中如何使用图算法完成需求。

第五步:使用 GraphX 与 ML 分析平台数据。

使用 GraphX 与 ML 分析平台数据,得出相应的结果。

6.3　典型工作环节 3:认识 GraphX

GraphX 是构建在 Spark 之上的图计算,是 Spark 推出的一种新 API,用于图和分布式图的计算。它使用 RDD 存储图数据,可高效实现图的分布式存储和处理,可应用于 Twitter、Facebook、微博、微信等社交网络链中。图的分布式或者并行处理其实是把图拆分成很多的子图,然后分别对这些子图进行计算,计算的时候可以分别迭代进行分阶段的计算,即对图进行并行计算。如图 6-1 所示。

为了支持图计算,GraphX 公开了一组基本的操作符,例如:子图、JoinVertices、AggregateMessages,以及相关的 API。同时,Spark 团队不断优化 GraphX 组件,使得其包含越来越多的算法和构建器,以便简化图计算任务。

学习情境六 使用 GraphX 与 ML 分析平台数据

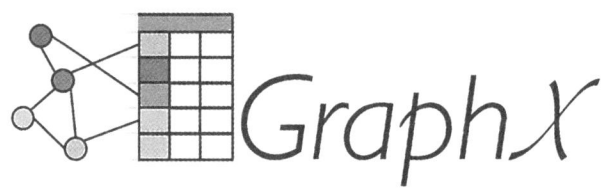

图 6-1 图计算

6.4 典型工作环节 4：使用 GraphX 分析平台数据

在"职业能力分析大数据服务平台"项目中，有一项特殊功能，支持招聘企业关注求职人才，也支持求职人才关注招聘企业。于是求职者和企业招聘方形成了如下关系，如图 6-2 所示。

图 6-2 求职者与招聘方关系

实际上，一个求职者可以关注多家企业，一个企业也会关注多名求职者，于是形成了如下关系，如图 6-3 所示。将求职者与招聘方的关系可视化后，可以看出这是一张有向图。反映出的关系是：例如，求职者 1，有一家企业关注了他，但是他没有关注任何企业；求职者 2 关注了两家企业，只有 1 家企业关注了他；求职者 3 关注了两家企业，对应的企业也关注了他；求职者 4 只关注了一家企业，没有企业关注他。

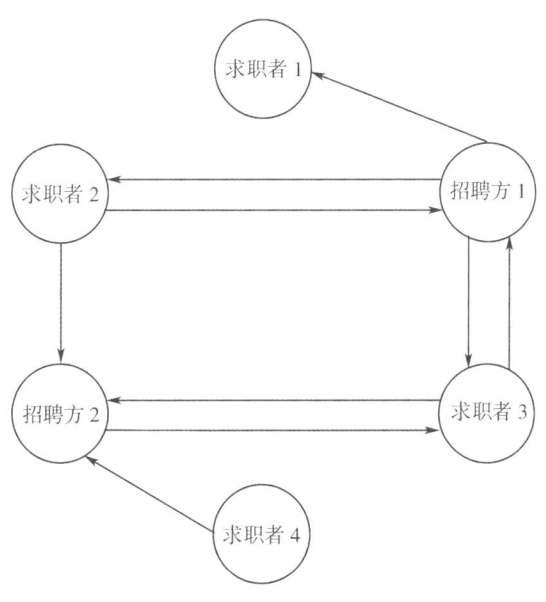

图 6-3 求职者与招聘方关系

通过这项相互关注的功能,依据图计算的理论,即可在数据集中寻找到活跃的求职者。

如图 6-4 所示,在随书源码对应章节数据目录下文件 userandcompany.txt 内,存放的是求职者与招聘方的 ID。第一列是关注者 ID,第二列是被关注者 ID。两列既包含求职者,也包含招聘方,其中,只有两位数的是求职者 ID,九位数的是招聘方 ID。

```
15   152462495,16
16   152462496,16
17   152462497,15
18   152462498,15
19   152462499,15
20   152462500,18
21   12,152462489
22   13,152462481
23   13,152462489
24   17,152462498
25   16,152462500
26   18,152462494
```

图 6-4 求职者 ID 与招聘方 ID

对于求职者来说,关注企业越多,说明其求职意向越积极,被多个企业关注,也说明其很有价值。关注企业,在程序中称为"出度",被企业关注称为"入度",企业和求职者在图中都被表示成顶点。因此,寻找活跃求职者,只需计算每个顶点中出度最多的即可。

【例 6-1】 寻找最活跃的前十名求职者。

代码如下:

```
package chapter6
import org.apache.spark.graphx.{Edge,Graph}
import org.apache.spark.rdd.RDD
import org.apache.spark.sql.SparkSession
object GraphxTest1 {
  def main(args: Array[String]): Unit = {
    val spark = SparkSession
      .builder()
      .appName("寻找求职者")
      .master("local")
      .enableHiveSupport()
      .getOrCreate()
```

```scala
val sc = spark.sparkContext
val rdd: RDD[String] = sc.textFile("userandcompany.txt")
val data = rdd.map(c => {
  var tmp = c.split(",")
  Edge(tmp(0).toLong, tmp(1).toLong, 1)
})
val graph = Graph.fromEdges(data, 1)
//     计算入度:c._2 是度数   c._1 是顶点
//     计算每个订单的出度,按度数进行降序排列
var outDegreesRDD = graph.outDegrees.map(c => (c._2, c._1)).sortByKey(false, 1)
var filterRDD = outDegreesRDD.filter(c => {
  c._2.toString.length == 2
})
var tenData = sc.parallelize(filterRDD.top(10).map(c => (c._2, c._1)))
println("最活跃的 10 名求职者:")
tenData.collect().foreach(println)
println("执行完毕")
```

运行结果如图 6-5 所示,可以看到最活跃的求职者关注了 120 家企业,ID 为 16、13 的求职者关注了 116 家企业。

(19, 120)
(16, 116)
(13, 116)
(20, 115)
(15, 114)
(12, 109)
(17, 107)
(14, 103)
(18, 100)
执行完毕

图 6-5 运行结果

6.5 典型工作环节 5：认识 Machine Learning

机器学习是一门涉及概率论、统计学、逼近论、凸分析、算法复杂度理论等多领域的交叉学科。机器学习专注于以计算机为工具模拟或实现人类的学习行为，获取新知识、新技能，并重组已学习的知识结构，不断改善自身。传统机器学习的研究方向主要包括决策树、随机森林、人工神经网络、贝叶斯学习等，典型应用于社交媒体服务、视频监控、人脸识别、智能客服、推荐系统等。

目前深度学习(Deep Learning, DL)是机器学习领域中一个新的研究方向,它被引入机器学习,使其更接近于最初的目标——人工智能(Artificial Intelligence, AI)。深度学习是学习样本数据的内在规律和表示层次,这些学习过程中获得的信息对诸如文字、图像和声音等数据的解释有很大的帮助。它的最终目标是让机器能够像人一样具有分析学习能力,能够识别文字、图像和声音等数据。深度学习是一个复杂的机器学习算法,在语音和图像识别方面取得的效果,远远超过先前相关技术。深度学习在搜索技术、数据挖掘、机器学习、机器翻译、自然语言处理、多媒体学习、语音、推荐、个性化技术等其他相关领域都取得了很多成果。深度学习使机器模仿视听和思考等人类的活动,解决了很多复杂的模式识别难题,使得人工智能相关技术取得了很大进步。

综上所述,机器学习的特点主要为

(1) 机器学习是指算法能通过经验自动进行改进的研究。

(2) 机器学习是一门人工智能科学,研究方向是人工智能 AI。

(3) 机器学习根据数据和以往的经验来优化算法的性能。

(4) 综合应用了心理学、生物学、神经生理学、数学、自动化和计算机科学等形成了机器学习理论基础。

提炼定义中的具体含义,机器学习主要涉及三个要素:数据、算法与算力。

(1) 数据:是作为学习的原材料,是最基本的支撑,需要数据集(DataSet)作为支撑。

(2) 算法:是指具有自我学习、自我改进的算法,需要反馈和系统调节参数。

(3) 算力:就是指性能。

机器学习技术应用到项目的过程如图 6-6 所示。首先利用数据训练算法导出模型,利用测试数据测试模型的性能和算法结果,然后利用验证集验证结果,验证是否符合预期,若符合则将算法进行工程应用。

要做好机器学习并应用到实践,主要需要数学基础、算法理论、工程实践三大模块,如图 6-7 所示。

作为应用型技术,数学基础方面只需掌握相关学科的基本概念和处理思路,算法理论需要结合数学公式来掌握其原理,各类算法在行业已经有非常成熟的库,因此只需要掌握如何使用和参数调优。机器学习算法普遍都具备自我学习能力,数据量越大,得到的算法结果越

```
val sc = spark.sparkContext
val rdd: RDD[String] = sc.textFile("userandcompany.txt")
val data = rdd.map(c => {
  var tmp = c.split(",")
  Edge(tmp(0).toLong, tmp(1).toLong, 1)
})
val graph = Graph.fromEdges(data, 1)
//      计算入度:c._2 是度数   c._1 是顶点
//      计算每个订单的出度,按度数进行降序排列
var outDegreesRDD = graph.outDegrees.map(c => (c._2, c._1)).sortByKey(false, 1)
var filterRDD = outDegreesRDD.filter(c => {
  c._2.toString.length == 2
})
var tenData = sc.parallelize(filterRDD.top(10).map(c => (c._2, c._1)))
println("最活跃的 10 名求职者:")
tenData.collect().foreach(println)
println("执行完毕")
}
}
```

运行结果如图 6-5 所示,可以看到最活跃的求职者关注了 120 家企业,ID 为 16、13 的求职者关注了 116 家企业。

(19, 120)
(16, 116)
(13, 116)
(20, 115)
(15, 114)
(12, 109)
(17, 107)
(14, 103)
(18, 100)
执行完毕

图 6-5 运行结果

6.5 典型工作环节 5：认识 Machine Learning

机器学习是一门涉及概率论、统计学、逼近论、凸分析、算法复杂度理论等多领域的交叉学科。机器学习专注于以计算机为工具模拟或实现人类的学习行为，获取新知识、新技能，并重组已学习的知识结构，不断改善自身。传统机器学习的研究方向主要包括决策树、随机森林、人工神经网络、贝叶斯学习等，典型应用于社交媒体服务、视频监控、人脸识别、智能客服、推荐系统等。

目前深度学习(Deep Learning, DL)是机器学习领域中一个新的研究方向，它被引入机器学习，使其更接近于最初的目标——人工智能(Artificial Intelligence, AI)。深度学习是学习样本数据的内在规律和表示层次，这些学习过程中获得的信息对诸如文字、图像和声音等数据的解释有很大的帮助。它的最终目标是让机器能够像人一样具有分析学习能力，能够识别文字、图像和声音等数据。深度学习是一个复杂的机器学习算法，在语音和图像识别方面取得的效果，远远超过先前相关技术。深度学习在搜索技术、数据挖掘、机器学习、机器翻译、自然语言处理、多媒体学习、语音、推荐、个性化技术等其他相关领域都取得了很多成果。深度学习使机器模仿视听和思考等人类的活动，解决了很多复杂的模式识别难题，使得人工智能相关技术取得了很大进步。

综上所述，机器学习的特点主要为

（1）机器学习是指算法能通过经验自动进行改进的研究。

（2）机器学习是一门人工智能科学，研究方向是人工智能 AI。

（3）机器学习根据数据和以往的经验来优化算法的性能。

（4）综合应用了心理学、生物学、神经生理学、数学、自动化和计算机科学等形成了机器学习理论基础。

提炼定义中的具体含义，机器学习主要涉及三个要素：数据、算法与算力。

（1）数据：是作为学习的原材料，是最基本的支撑，需要数据集(DataSet)作为支撑。

（2）算法：是指具有自我学习、自我改进的算法，需要反馈和系统调节参数。

（3）算力：就是指性能。

机器学习技术应用到项目的过程如图 6-6 所示。首先利用数据训练算法导出模型，利用测试数据测试模型的性能和算法结果，然后利用验证集验证结果，验证是否符合预期，若符合则将算法进行工程应用。

要做好机器学习并应用到实践，主要需要数学基础、算法理论、工程实践三大模块，如图 6-7 所示。

作为应用型技术，数学基础方面只需掌握相关学科的基本概念和处理思路，算法理论需要结合数学公式来掌握其原理，各类算法在行业已经有非常成熟的库，因此只需要掌握如何使用和参数调优。机器学习算法普遍都具备自我学习能力，数据量越大，得到的算法结果越

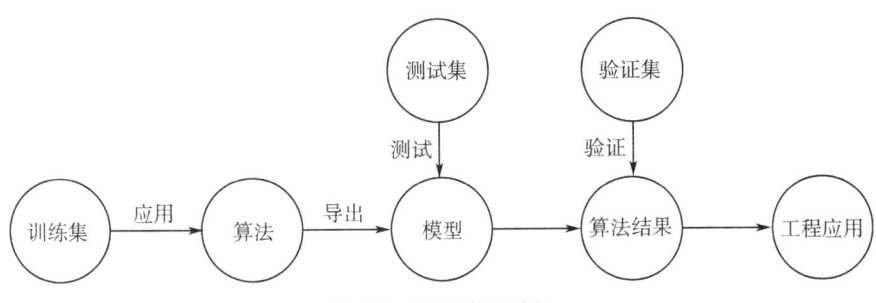

图 6-6　工程应用过程

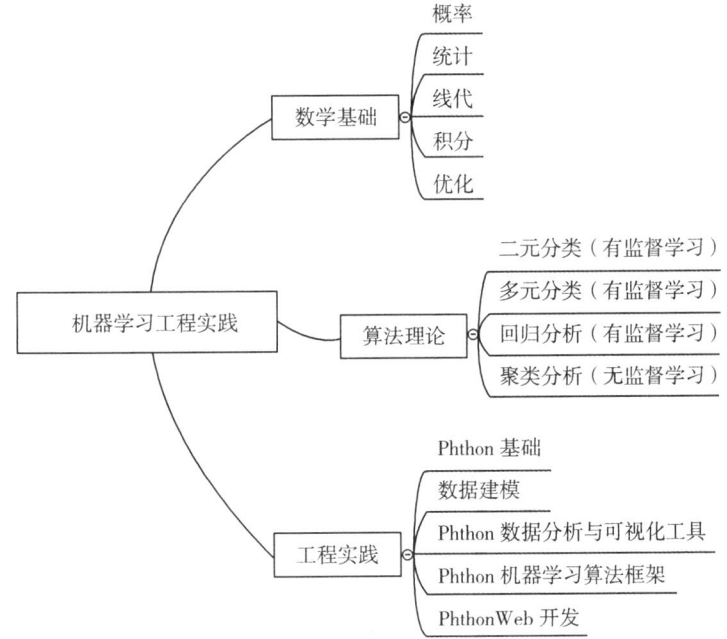

图 6-7　主要技术栈

精准。因此在成熟的算法之上再结合大数据技术进行强化,就能更好地进行工程实践。

Spark MLlib 是 Spark 的机器学习库,其目标是使实用的机器学习可扩展、更简单。从 Spark MLlib 架构可以看出 MLlib 主要包含三个部分:底层基础,包括 Spark 的运行库、矩阵库和向量库;算法库,包含广义线性模型、推荐系统、聚类、决策树和评估的算法;实用程序,包括测试数据的生成、外部数据的读入等功能。

同时 Spark MLlib 提供了以下工具。

（1）ML 算法:常见的学习算法,如分类、回归、聚类和协同过滤等。

（2）特征化:特征提取,转换,降维和选择等。

（3）管道:用于构建、评估和调整 ML 管道的工具等。

（4）持久性:保存和加载算法、模型和管道等。

（5）实用程序:线性代数、统计、数据处理等。

6.6 典型工作环节6：常用Spark MLlib机器学习库API

Spark MLlib 是 Spark 的机器学习库，旨在简化机器学习的工程实践工作，并方便扩展到更大规模。Spark MLlib 由一些通用的学习算法和工具组成，包括分类、回归、聚类、协同过滤、降维等，同时还包括底层的优化原语和高层的管道 API。目前 Spark MLlib 分为两个代码包：spark.mllib 包含基于 RDD 的原始算法 API；spark.ml 则提供了基于 DataFrames 高层次的 API，可以用来构建机器学习管道。spark.mllib 中包含常见的数据类型、基础统计、分类和回归、协同过滤、聚类算法、降维算法、特征抽取与转换、频繁模式挖掘、评价指标、优化等，是进行机器学习的基础工具集。而 spark.ml 中的工具是机器学习管道高级 API，包括评估器、转换器、管道、抽取、转换、选取特征等。常用算法如下。

（1）基础统计中的摘要统计 API

```
import org.apache.spark.mllib.linalg.Vectors
import org.apache.spark.mllib.stat.{MultivariateStatisticalSummary, Statistics}
val observations = sc.parallelize(
  Seq(
    Vectors.dense(1.0, 10.0, 100.0),
    Vectors.dense(2.0, 20.0, 200.0),
    Vectors.dense(3.0, 30.0, 300.0)
  )
)
val summary: MultivariateStatisticalSummary = Statistics.colStats(observations)
println(summary.mean)
println(summary.variance)
println(summary.numNonzeros)
```

（2）分类与回归中的朴素贝叶斯 API

```
import org.apache.spark.mllib.classification.{NaiveBayes, NaiveBayesModel}
import org.apache.spark.mllib.util.MLUtils
val data = MLUtils.loadLibSVMFile(sc, "data/mllib/sample_libsvm_data.txt")
val Array(training, test) = data.randomSplit(Array(0.6, 0.4))
val model = NaiveBayes.train(training, lambda = 1.0, modelType = "multinomial")
val predictionAndLabel = test.map(p => (model.predict(p.features), p.label))
val accuracy = 1.0 * predictionAndLabel.filter(x => x._1 == x._2).count() / test.count()
model.save(sc, "target/tmp/myNaiveBayesModel")
val sameModel = NaiveBayesModel.load(sc, "target/tmp/myNaiveBayesModel")
```

(3) 协同过滤中的交替最小二乘 ALS

```
import org.apache.spark.mllib.recommendation.ALS
import org.apache.spark.mllib.recommendation.MatrixFactorizationModel
import org.apache.spark.mllib.recommendation.Rating
val data = sc.textFile("data/mllib/als/test.data")
val ratings = data.map(_.split(',') match { case Array(user, item, rate) =>
  Rating(user.toInt, item.toInt, rate.toDouble)
})
val rank = 10
val numIterations = 10
val model = ALS.train(ratings, rank, numIterations, 0.01)
val usersProducts = ratings.map { case Rating(user, product, rate) =>
  (user, product)
}
val predictions =
  model.predict(usersProducts).map { case Rating(user, product, rate) =>
    ((user, product), rate)
  }
val ratesAndPreds = ratings.map { case Rating(user, product, rate) =>
  ((user, product), rate)
}.join(predictions)
val MSE = ratesAndPreds.map { case ((user, product), (r1, r2)) =>
  val err = (r1 - r2)
  err * err
}.mean()
println(s"Mean Squared Error = $MSE")

model.save(sc, "target/tmp/myCollaborativeFilter")
```

(4) 降维中的主成分分析(PCA)

```
import org.apache.spark.mllib.linalg.Matrix
import org.apache.spark.mllib.linalg.Vectors
import org.apache.spark.mllib.linalg.distributed.RowMatrix
val data = Array(
  Vectors.sparse(5, Seq((1, 1.0), (3, 7.0))),
  Vectors.dense(2.0, 0.0, 3.0, 4.0, 5.0),
  Vectors.dense(4.0, 0.0, 0.0, 6.0, 7.0))
val rows = sc.parallelize(data)
```

```
val mat: RowMatrix = new RowMatrix(rows)
val pc: Matrix = mat.computePrincipalComponents(4)
val projected: RowMatrix = mat.multiply(pc)
```

6.7 典型工作环节 7：使用 ML 分析平台数据

智能推荐系统(Recommender Systems，RS)是利用电子商务网站向客户提供商品信息和建议，帮助用户决定应该购买什么产品，模拟销售人员帮助客户完成购买过程。个性化推荐是根据用户的兴趣特点和购买行为，向用户推荐用户感兴趣的信息和商品。随着电子商务规模的不断扩大，商品个数和种类快速增长，顾客需要花费大量的时间才能找到自己想买的商品。这种浏览大量无关的信息和产品过程无疑会使淹没在信息过载问题中的消费者不断流失。

为了解决这些问题，个性化推荐系统应运而生。个性化推荐系统是建立在海量数据挖掘基础上的一种高级商务智能平台，以帮助电子商务网站为其顾客购物提供完全个性化的决策支持和信息服务。

在"职业能力分析大数据服务平台"项目中，通过采集用户的行为数据和对岗位的评价，实现了职位智能推荐系统。其中，推荐算法使用的是 Spark Mlilib 下的 ALS 包。ALS 全称是 Alternating Least Squares，译为交替最小二乘法。

在随书源码对应章节数据目录下文件 als.txt 内，存放的是求职者对该职位的打分情况，如图 6-8 所示。第一列是求职者 ID，第二列是职位 ID，第三列是该求职者对职位的打分。

```
 3  20,152462481,4
 4  20,152462482,1
 5  20,152462483,3
 6  20,152462484,2
 7  12,152462481,1
 8  12,152462484,4
 9  12,152462483,1
10  12,152462482,2
11  17,152462481,4
12  17,152462482,5
```

图 6-8 求职者对职位的评价

另外一个数据集：predict.txt，其内容如图 6-9 所示，是求职者与职位之间的关联数据，在这个数据集内，求职没有打分。

推荐职位的过程为通过已经打分的数据集构建模型，预测求职者对新的数据集会打多少分，对第 2 次打分误差较小的职位进行推荐。

```
 2  20,152462482
 3  20,152462483
 4  20,152462484
 5  20,152462485
 6  12,152462481
 7  12,152462484
 8  12,152462483
 9  12,152462482
10  12,152462485
11  12,152462486
12  17,152462481
13  17,152462482
14  17,152462483
15  17,152462484
```

图 6-9　待预测的数据集

【例 6-2】　推荐职位。

JAVA 部分代码如下:

```
package chapter6
import org.apache.spark.mllib.recommendation.{ALS, Rating}
import org.apache.spark.sql.SparkSession
object MLALS {
  def main(args: Array[String]): Unit = {
    val spark = SparkSession
      .builder()
      .appName("职位推荐")
      .master("local")
      .enableHiveSupport()
      .getOrCreate()

    val sc = spark.sparkContext   //已经打分的数据
    val rdd = sc.textFile("als.txt")
    //因为 ALS 处理的是 Rating 类型的 RDD,因此需要将数据行转为 Rating 对象,构造成新的 RDD
    val ratings = rdd.map(_.split(',') match { case Array(user, item, rate) =>
      Rating(user.toInt, item.toInt, rate.toDouble)
    })
    // 特征向量大小(保持默认)
```

```
val rank = 10
// 迭代次数(保持默认)
val numIterations = 10
//构造训练模型
val model = ALS.train(ratings, rank, numIterations, 0.01)
val predictDataRDD = sc.textFile("predict.txt")
//待预测的 RDD
val predictDataPairRDD = predictDataRDD.map(_.split(',') match { case Array(user, item) =>
    (user.toInt, item.toInt)
})
//调用 predict 预测未打分的数据集
val predictions = model.predict(predictDataPairRDD).map { case Rating(user, item, rate) =>
    //这里表示:求职者,职位,预测得分
    ((user, item), rate)
}
//将打分的数据与未打分的数据拼接在一起,方便观察
val ratesAndPreds = ratings.map { case Rating(user, product, rate) =>
    ((user, product), rate)
}.join(predictions)
ratesAndPreds.map { case ((user, product), (r1, r2)) =>
    //计算两次得分的差
    val difference = (r1 - r2)
    ((user, product), (r1, r2, Math.abs(difference)))
}.foreach(println(_))
```

运行结果如图 6-10 所示,可以看到,ID 为 17 的求职者,对 ID 为 152462481 的职位原来打分是 4,预测打分是 4.000081506235718,误差绝对值是 $8.150623571800963E-5$;ID 为 20 的求职者,对 ID 为 152462484 的职位原来打分是 2,预测打分是 1.9951648213024664,误差绝对值是 0.004835178697533582。

```
((17,152462481),(4.0,4.000081506235718,8.150623571800963E-5))
((20,152462484),(2.0,1.994676657978634,0.005323342021366084))
((12,152462481),(1.0,1.006736439567537,0.006736439567536889))
((20,152462483),(3.0,2.9997250094945307,2.7499050546930803E-4))
((20,152462481),(4.0,3.985711275022519,0.014288724977480793))
((12,152462484),(4.0,3.9883285974860008,0.01167140251399923))
((17,152462482),(5.0,4.994059677913861,0.005940322086138927))
((20,152462482),(1.0,1.011187262091286,0.011187262091286065))
((12,152462483),(1.0,0.9960404529161075,0.003959547083892456))
((12,152462482),(2.0,1.9947933430884777,0.005206656911522334))
```

图 6-10 预测结果

对于误差最小的就是推荐职位。

6.8 归纳总结与拓展提高

本学习情境对 GraphX 进行了简单的介绍,然后使用 GraphX 构建了招聘方和求职者之间的网络关系图,并通过图计算寻找活跃的求职者。同时介绍了机器学习库在项目中应用的过程以及需要掌握的相关知识,最后介绍了 Spark 的机器学习库,并使用 ALS 算法进行职位推荐。

在职位推荐示例中,使用用户进行打分后的数据为新的数据集再次打分。这种方式成为显性反馈,反之为隐性反馈。在许多现实世界的用例中,通常只能访问隐式反馈例如:观看、点击、购买、喜欢、分享等。用于 spark.ml 处理此类数据的方法来自隐式反馈数据集的协同过滤。本质上,这种方法不是试图直接对评分矩阵进行建模,而是将用户行为进行数字化,例如点击次数或花在观看电影上的累积持续时间。然后,将这些数字用来预测用户偏好。

6.9 课后练习

选择题

1. GraphX 组件是一个图计算组件,用来( )。
   A. 进行 2D/3D 图形渲染处理　　　　　B. 用来定义画图
   C. 用来实现数据可视化操作的　　　　　D. 作为进行图计算,而非图存储使用

2. Spark 中的 Mllib 库( )。
   A. 是一个机器学习组件库　　　　　　　B. 是一个微软提供的系统库
   C. 是属于 JAVA 的一个标准库　　　　　D. 是 Spark 进行可视化输出的库

3. 以下说法正确的是( )。
   A. 利用图计算可以实现推荐功能
   B. 机器学习分为:监督学习、非监督学习、半监督学习等
   C. (int,int,int)ing 对象的参数类型为(Int,Int,Int)
   D. 机器学习算法对数据计算,得到的其实是能出现该结果的概率

4. Spark GraphX 中关于图的说法正确的是( )。
   A. 这里的图指的是图形
   B. 这里的图是指由顶点集合(Vertex)及顶点间的关系集合(Edge)组成的一种数据结构
   C. 这里的图指的是图表,以呈现相关的数据关系

D. 这里的图指的是构成实体图形的数据状的路径关系

5. 要做好机器学习并应用到实践,需要做好以下这些方面(　　)。[多选]

A. 数学基础,比如概念、统计等　　　　B. 算法理论

C. 工程实践,如编程技术　　　　　　　D. 做好机器人研究

6. SparkML 机器学习的处理步骤包含(　　)。[多选]

A. 加载数据　　　　　　　　　　　　　B. 转换数据

C. 提取数据　　　　　　　　　　　　　D. 预测结果

7. SparkML 提供了如下(　　)功能。[多选]

A. 特征提取　　　　　　　　　　　　　B. 特征转换

C. 模型训练　　　　　　　　　　　　　D. 数据合并

8. SparkML 实现了(　　)算法。

A. 协同过滤　　　　　　　　　　　　　B. K-means

C. K-NN　　　　　　　　　　　　　　　D. C-NN

9. 对 SparkML 协同过滤描述正确的是(　　)。

A. 协同过滤可以解决冷启动问题

B. 协同过滤不能解决冷启动问题

C. 协同过滤是指基于物品与物品之间的推荐

D. 协同过滤是指基于人与物品之间的推荐

10. 对 K-means 算法描述正确的是(　　)。

A. K-means 是对有标签数据进行聚类

B. K-means 是对无标签数据进行分类

C. K-means 是对无标签数据进行聚类

D. K-means 是对有标签数据进行分类

工作任务单1

请在完成学习情境一后填写以下表单。

表1　　　　　　　　　　　　　任务单

学习场景	
学习情境	
学习任务	学时
典型工作过程描述	
学习目标	
任务描述	
学时安排	资讯___学时　计划___学时　决策___学时　实施___学时　检查___学时　评价___学时
对学生的要求	
参考资料	

为完成任务,请每个小组搜集相关资讯,完成下面的资讯单,如表 2 所示。

表 2　　　　　　　　　　　　　　　　资讯单

学习场景	
学习情境	
学习任务	学时
典型工作过程描述	
搜集资讯的方式	
资讯描述	
对学生的要求	
参考资料	

请每组同学根据搜集的资讯情况,针对本次工作任务,制订相应的工作计划,填写计划单,如表 3 所示。

表 3　　　　　　　　　　　　　　　　计划单

学习场景				
学习情境				
学习任务			学时	
典型工作过程描述				
计划制订的方式				
序号	工作步骤		注意事项	
计划评价	班级		第___组	
	教师签字		日期	
	评语:			

请每组同学针对本组制订的计划进行评估,最终确定一个流程并填写决策单,如表 4 所示。

表 4　　　　　　　　　　　　　　　决策单

学习场景					
学习情境					
学习任务				学时	
典型工作过程描述					
计划对比					
序号	计划的可行性	计划的经济性	计划的可操作性	计划的实施难度	综合评价
决策评价	班级		第___组		组长签字	
	教师签字		日期			
	评语:					

工作任务单1

以下是提供给大家参考的工作环节的流程,每组同学可以结合自己小组的情况,最终完成本组的工作任务,并填写实施单,如表5所示。

表5　　　　　　　　　　　　　实施单

学习场景			
学习情境			
学习任务		学时	
典型工作过程描述			

序号	实施步骤	注意事项

实施说明：

实施评价	班级		第___组	组长签字	
	教师签字		日期		
	评语：				

完成相应的检查工作,最终提交工作成果,填写检查单,如表 6 所示。

表 6 　　　　　　　　　　　检查单

学习场景				
学习情境				
学习任务			学时	
典型工作过程描述				
序号	检查项目	检查标准	学生自查	教师检查
检查评价	班级		第___组	组长签字	
	教师签字		日期		
	评语:				

根据下表所示对每组的任务完成过程进行评价，填写评价单，如表 7 所示。

表 7　　　　　　　　　　　评价单

学习场景				
学习情境				
学习任务			学时	
典型工作过程描述				
评价项目	评价子项目	学生自评	组内评价	教师评价
	1. 资讯____分　2. 计划____分 3. 决策____分　4. 实施____分 5. 检查____分　6. 评价____分			
	1. 资讯____分　2. 计划____分 3. 决策____分　4. 实施____分 5. 检查____分　6. 评价____分			
	1. 资讯____分　2. 计划____分 3. 决策____分　4. 实施____分 5. 检查____分　6. 评价____分			
	1. 资讯____分　2. 计划____分 3. 决策____分　4. 实施____分 5. 检查____分　6. 评价____分			
评价	班级		第____组	组长签字	
	教师签字		日期		
	评语：				

工作任务单 2

请在完成学习情境二后填写以下表单。

表 1　　　　　　　　　　　　　　　　任务单

学习场景	
学习情境	
学习任务	学时
典型工作过程描述	
学习目标	
任务描述	
学时安排	资讯__学时　计划__学时　决策__学时　实施__学时　检查__学时　评价__学时
对学生的要求	
参考资料	

为完成任务,请每个小组搜集相关资讯,完成下面的资讯单,如表2所示。

表2　　　　　　　　　　　　　　　资讯单

学习场景	
学习情境	
学习任务	学时
典型工作过程描述	
搜集资讯的方式	
资讯描述	
对学生的要求	
参考资料	

请每组同学根据搜集的资讯情况,针对本次工作任务,制订相应的工作计划,填写计划单,如表3所示。

表3　　　　　　　　　　　　　　　计划单

学习场景			
学习情境			
学习任务		学时	
典型工作过程描述			
计划制订的方式			
序号	工作步骤	注意事项	
计划评价	班级		第___组	
	教师签字		日期	
	评语:			

请每组同学针对本组制订的计划进行评估,最终确定一个流程并填写决策单,如表4所示。

表4　　　　　　　　　　　决策单

学习场景					
学习情境					
学习任务				学时	
典型工作过程描述					
计划对比					
序号	计划的可行性	计划的经济性	计划的可操作性	计划的实施难度	综合评价

决策评价	班级		第___组	组长签字	
	教师签字		日期		
	评语:				

Spark 大数据开发

以下是提供给大家参考的工作环节的流程,每组同学可以结合自己小组的情况,最终完成本组的工作任务,并填写实施单,如表 5 所示。

表 5　　　　　　　　　　　　　实施单

学习场景				
学习情境				
学习任务			学时	
典型工作过程描述				
序号	实施步骤		注意事项	
实施说明:				
实施评价	班级		第___组	组长签字
	教师签字		日期	
	评语:			

完成相应的检查工作,最终提交工作成果,填写检查单,如表6所示。

表6　　　　　　　　　　　　检查单

学习场景				
学习情境				
学习任务			学时	
典型工作过程描述				
序号	检查项目	检查标准	学生自查	教师检查
检查评价	班级		第___组	组长签字	
	教师签字		日期		
	评语:				

根据下表所示对每组的任务完成过程进行评价，填写评价单，如表 7 所示。

表 7　　　　　　　　　　　　　　　评价单

学习场景				
学习情境				
学习任务			学时	
典型工作过程描述				
评价项目	评价子项目	学生自评	组内评价	教师评价
	1. 资讯____分　2. 计划____分 3. 决策____分　4. 实施____分 5. 检查____分　6. 评价____分			
	1. 资讯____分　2. 计划____分 3. 决策____分　4. 实施____分 5. 检查____分　6. 评价____分			
	1. 资讯____分　2. 计划____分 3. 决策____分　4. 实施____分 5. 检查____分　6. 评价____分			
	1. 资讯____分　2. 计划____分 3. 决策____分　4. 实施____分 5. 检查____分　6. 评价____分			
评价	班级		第____组	组长签字	
	教师签字		日期		
	评语：				

工作任务单 3

请在完成学习情境三后填写以下表单。

表 1　　　　　　　　　　　　　任务单

学习场景	
学习情境	
学习任务	学时
典型工作过程描述	
学习目标	
任务描述	
学时安排	资讯___学时　计划___学时　决策___学时　实施___学时　检查___学时　评价___学时
对学生的要求	
参考资料	

为完成任务,请每个小组搜集相关资讯,完成下面的资讯单,如表 2 所示。

表 2　　　　　　　　　　　　　　资讯单

学习场景	
学习情境	
学习任务	学时
典型工作过程描述	
搜集资讯的方式	
资讯描述	
对学生的要求	
参考资料	

请每组同学根据搜集的资讯情况,针对本次工作任务,制订相应的工作计划,填写计划单,如表 3 所示。

表 3　　　　　　　　　　　　　计划单

学习场景			
学习情境			
学习任务		学时	
典型工作过程描述			
计划制订的方式			
序号	工作步骤	注意事项	
计划评价	班级		第___组	
	教师签字		日期	
	评语:			

请每组同学针对本组制订的计划进行评估,最终确定一个流程并填写决策单,如表 4 所示。

表 4　　　　　　　　　　　　　　　　决策单

学习场景					
学习情境					
学习任务				学时	
典型工作过程描述					
计划对比					
序号	计划的可行性	计划的经济性	计划的可操作性	计划的实施难度	综合评价
决策评价	班级		第___组	组长签字	
	教师签字		日期		
	评语:				

以下是提供给大家参考的工作环节的流程,每组同学可以结合自己小组的情况,最终完成本组的工作任务,并填写实施单,如表5所示。

表5　　　　　　　　　　　　　　　实施单

学习场景			
学习情境			
学习任务		学时	
典型工作过程描述			

序号	实施步骤	注意事项

实施说明:

实施评价	班级		第___组	组长签字	
	教师签字		日期		
	评语:				

完成相应的检查工作,最终提交工作成果,填写检查单,如表6所示。

表6　　　　　　　　　　　　　　检查单

学习场景	
学习情境	

学习任务		学时	

典型工作过程描述	

序号	检查项目	检查标准	学生自查	教师检查

检查评价	班级		第___组	组长签字	
	教师签字		日期		
	评语:				

工作任务单 3

根据下表所示对每组的任务完成过程进行评价,填写评价单,如表 7 所示。

表 7　　　　　　　　　　　　　评价单

学习场景				
学习情境				
学习任务		学时		
典型工作过程描述				
评价项目	评价子项目	学生自评	组内评价	教师评价
	1. 资讯____分　2. 计划____分 3. 决策____分　4. 实施____分 5. 检查____分　6. 评价____分			
	1. 资讯____分　2. 计划____分 3. 决策____分　4. 实施____分 5. 检查____分　6. 评价____分			
	1. 资讯____分　2. 计划____分 3. 决策____分　4. 实施____分 5. 检查____分　6. 评价____分			
	1. 资讯____分　2. 计划____分 3. 决策____分　4. 实施____分 5. 检查____分　6. 评价____分			
评价	班级		第___组	组长签字	
	教师签字		日期		
	评语:				

工作任务单 4

请在完成学习情境四后填写以下表单。

表 1 　　　　　　　　　　　　　任务单

学习场景	
学习情境	
学习任务	学时
典型工作过程描述	
学习目标	
任务描述	
学时安排	资讯__学时　计划__学时　决策__学时　实施__学时　检查__学时　评价__学时
对学生的要求	
参考资料	

为完成任务,请每个小组搜集相关资讯,完成下面的资讯单,如表 2 所示。

表 2　　　　　　　　　　　　　资讯单

学习场景	
学习情境	
学习任务	学时
典型工作过程描述	
搜集资讯的方式	
资讯描述	
对学生的要求	
参考资料	

请每组同学根据搜集的资讯情况,针对本次工作任务,制订相应的工作计划,填写计划单,如表3所示。

表3　　　　　　　　　　　　　　计划单

学习场景				
学习情境				
学习任务			学时	
典型工作过程描述				
计划制订的方式				
序号	工作步骤		注意事项	
计划评价	班级		第＿＿组	
	教师签字		日期	
	评语:			

请每组同学针对本组制订的计划进行评估,最终确定一个流程并填写决策单,如表4所示。

表4　　　　　　　　　　　　　　决策单

学习场景					
学习情境					
学习任务				学时	
典型工作过程描述					
计划对比					
序号	计划的可行性	计划的经济性	计划的可操作性	计划的实施难度	综合评价
决策评价	班级		第___组	组长签字	
	教师签字		日期		
	评语:				

以下是提供给大家参考的工作环节的流程,每组同学可以结合自己小组的情况,最终完成本组的工作任务,并填写实施单,如表 5 所示。

表 5　　　　　　　　　　　　　　　实施单

学习场景				
学习情境				
学习任务			学时	
典型工作过程描述				
序号	实施步骤		注意事项	
实施说明:				
实施评价	班级		第___组	组长签字
	教师签字		日期	
	评语:			

工作任务单 4

完成相应的检查工作,最终提交工作成果,填写检查单,如表 6 所示。

表 6　　　　　　　　　　　　　　检查单

学习场景				
学习情境				
学习任务			学时	
典型工作过程描述				
序号	检查项目	检查标准	学生自查	教师检查
检查评价	班级		第___组	组长签字	
	教师签字		日期		
	评语:				

根据下表所示对每组的任务完成过程进行评价,填写评价单,如表 7 所示。

表 7　　　　　　　　　　　　　　　评价单

学习场景				
学习情境				
学习任务			学时	
典型工作过程描述				
评价项目	评价子项目	学生自评	组内评价	教师评价
	1. 资讯____分　2. 计划____分 3. 决策____分　4. 实施____分 5. 检查____分　6. 评价____分			
	1. 资讯____分　2. 计划____分 3. 决策____分　4. 实施____分 5. 检查____分　6. 评价____分			
	1. 资讯____分　2. 计划____分 3. 决策____分　4. 实施____分 5. 检查____分　6. 评价____分			
	1. 资讯____分　2. 计划____分 3. 决策____分　4. 实施____分 5. 检查____分　6. 评价____分			
评价	班级		第____组	组长签字	
	教师签字		日期		
	评语:				

工作任务单 5

请在完成学习情境五后填写以下表单。

表 1　　　　　　　　　　　　　　　任务单

学习场景	
学习情境	
学习任务	学时
典型工作过程描述	
学习目标	
任务描述	
学时安排	资讯__学时　计划__学时　决策__学时　实施__学时　检查__学时　评价__学时
对学生的要求	
参考资料	

为完成任务，请每个小组搜集相关资讯，完成下面的资讯单，如表 2 所示。

表 2　　　　　　　　　　　　　　　　资讯单

学习场景		
学习情境		
学习任务		学时
典型工作过程描述		
搜集资讯的方式		
资讯描述		
对学生的要求		
参考资料		

工作任务单 5

请每组同学根据搜集的资讯情况,针对本次工作任务,制订相应的工作计划,填写计划单,如表 3 所示。

表 3　　　　　　　　　　　　　　计划单

学习场景			
学习情境			
学习任务		学时	
典型工作过程描述			
计划制订的方式			
序号	工作步骤	注意事项	
计划评价	班级		第___组	
	教师签字		日期	
	评语:			

Spark 大数据开发

请每组同学针对本组制订的计划进行评估,最终确定一个流程并填写决策单,如表 4 所示。

表 4　　　　　　　　　　　　　　　决策单

学习场景					
学习情境					
学习任务				学时	
典型工作过程描述					
计划对比					
序号	计划的可行性	计划的经济性	计划的可操作性	计划的实施难度	综合评价
决策评价	班级		第___组	组长签字	
	教师签字		日期		
	评语:				

以下是提供给大家参考的工作环节的流程,每组同学可以结合自己小组的情况,最终完成本组的工作任务,并填写实施单,如表 5 所示。

表 5　　　　　　　　　　　　　　　　实施单

学习场景				
学习情境				
学习任务			学时	
典型工作过程描述				
序号	实施步骤		注意事项	
实施说明:				
实施评价	班级		第___组	组长签字
	教师签字		日期	
	评语:			

完成相应的检查工作,最终提交工作成果,填写检查单,如表6所示。

表6　　　　　　　　　　　　　　　检查单

学习场景	
学习情境	

学习任务		学时	

典型工作过程描述	

序号	检查项目	检查标准	学生自查	教师检查

检查评价	班级		第___组	组长签字	
	教师签字		日期		
	评语:				

根据下表所示对每组的任务完成过程进行评价，填写评价单，如表 7 所示。

表 7　　　　　　　　　　　　　　　评价单

学习场景				
学习情境				
学习任务			学时	
典型工作过程描述				
评价项目	评价子项目	学生自评	组内评价	教师评价
	1. 资讯____分　2. 计划____分 3. 决策____分　4. 实施____分 5. 检查____分　6. 评价____分			
	1. 资讯____分　2. 计划____分 3. 决策____分　4. 实施____分 5. 检查____分　6. 评价____分			
	1. 资讯____分　2. 计划____分 3. 决策____分　4. 实施____分 5. 检查____分　6. 评价____分			
	1. 资讯____分　2. 计划____分 3. 决策____分　4. 实施____分 5. 检查____分　6. 评价____分			
评价	班级		第____组	组长签字	
	教师签字		日期		
	评语：				

工作任务单6

请在完成学习情境六后填写以下表单。

表1　　　　　　　　　　　　　任务单

学习场景	
学习情境	
学习任务	学时
典型工作过程描述	
学习目标	
任务描述	
学时安排	资讯___学时　计划___学时　决策___学时　实施___学时　检查___学时　评价___学时
对学生的要求	
参考资料	

为完成任务,请每个小组搜集相关资讯,完成下面的资讯单,如表2所示。

表2　　　　　　　　　　　资讯单

学习场景			
学习情境			
学习任务		学时	
典型工作过程描述			
搜集资讯的方式			
资讯描述			
对学生的要求			
参考资料			

请每组同学根据搜集的资讯情况,针对本次工作任务,制订相应的工作计划,填写计划单,如表3所示。

表3　　　　　　　　　　　　　　　计划单

学习场景				
学习情境				
学习任务			学时	
典型工作过程描述				
计划制订的方式				
序号	工作步骤		注意事项	
计划评价	班级		第___组	
	教师签字		日期	
	评语:			

请每组同学针对本组制订的计划进行评估,最终确定一个流程并填写决策单,如表 4 所示。

表 4　　　　　　　　　　　　决策单

学习场景					
学习情境					
学习任务				学时	
典型工作过程描述					
计划对比					
序号	计划的可行性	计划的经济性	计划的可操作性	计划的实施难度	综合评价
决策评价	班级		第___组	组长签字	
	教师签字		日期		
	评语:				

以下是提供给大家参考的工作环节的流程，每组同学可以结合自己小组的情况，最终完成本组的工作任务，并填写实施单，如表 5 所示。

表 5　　　　　　　　　　　　　　实施单

学习场景				
学习情境				
学习任务			学时	
典型工作过程描述				
序号	实施步骤		注意事项	
实施说明：				
实施评价	班级		第___组	组长签字
	教师签字		日期	
	评语：			

完成相应的检查工作,最终提交工作成果,填写检查单,如表6所示。

表6　　　　　　　　　　　　　　检查单

学习场景				
学习情境				
学习任务			学时	
典型工作过程描述				
序号	检查项目	检查标准	学生自查	教师检查
检查评价	班级		第___组	组长签字	
	教师签字		日期		
	评语:				

根据下表所示对每组的任务完成过程进行评价,填写评价单,如表 7 所示。

表 7　　　　　　　　　　　　　　评价单

学习场景	
学习情境	

学习任务		学时	

典型工作过程描述	

评价项目	评价子项目	学生自评	组内评价	教师评价
	1.资讯____分　2.计划____分 3.决策____分　4.实施____分 5.检查____分　6.评价____分			
	1.资讯____分　2.计划____分 3.决策____分　4.实施____分 5.检查____分　6.评价____分			
	1.资讯____分　2.计划____分 3.决策____分　4.实施____分 5.检查____分　6.评价____分			
	1.资讯____分　2.计划____分 3.决策____分　4.实施____分 5.检查____分　6.评价____分			

评价	班级		第___组	组长签字	
	教师签字		日期		
	评语:				

参考文献

[1] 王家林,孔祥瑞. Spark 零基础实战[M]. 北京:化学工业出版社,2016.
[2] 董付国. Python 程序设计基础[M]. 2 版. 北京:清华大学出版社,2016.
[3] 穆罕默德·古勒. Spark 大数据分析:核心概念、技术及实践[M]. 北京:机械工业出版社,2017.
[4] 谭磊,范磊. Hadoop 应用实战[M]. 北京:清华大学出版社,2017.
[5] 何敏煌. Python 程序设计入门到实践[M]. 2 版. 北京:清华大学出版社,2017.
[6] 嵩天. Python 语言程序设计基础[M]. 2 版. 北京:高等教育出版社,2017.
[7] 刘春茂,裴雨龙. Python 程序设计案例课堂[M]. 北京:清华大学出版社,2017.
[8] 林子雨,赖永炫,陶继平. Spark 编程基础[M]. 北京:人民邮电出版社,2018.
[9] 肖芳,张良均. Spark 大数据技术与应用[M]. 北京:人民邮电出版社,2018.
[10] 王家林,段智华. Spark SQL 大数据实例开发教程[M]. 北京:机械工业出版社,2018.
[11] 王学军,胡畅霞,韩艳峰. Python 程序设计[M]. 北京:人民邮电出版社,2018.
[12] 范建农. Python 程序设计教程[M]. 北京:电子工业出版社,2018.
[13] 高建良,盛羽. Spark 大数据编程基础(Scala 版)[M]. 长沙:中南大学出版社,2019.
[14] 彼得·泽斯维奇,马克·波纳奇. Spark 实战[M]. 北京:机械工业出版社,2019.
[15] 范东来. Spark 海量数据处理技术详解与平台实战[M]. 北京:人民邮电出版社,2019.
[16] 杨力. Hadoop 大数据开发实战[M]. 北京:人民邮电出版社,2019.
[17] 杨正洪. 大数据技术入门[M]. 2 版. 北京:清华大学出版社,2020.